国家出版基金项目
NATIONAL PUBLICATION FOUNDATION

中华美学的现代转型

⊙ 杨明刚 著

中华美学精神丛书

朱志荣 主编

时代出版传媒股份有限公司
安徽教育出版社

图书在版编目（CIP）数据

中华美学的现代转型 / 杨明刚著. —合肥:安徽教育出版社,2022.12

ISBN 978-7-5336-9896-6

Ⅰ.①中… Ⅱ.①杨… Ⅲ.①美学－研究－中国 Ⅳ.①B83-092

中国版本图书馆 CIP 数据核字（2022）第 240324 号

中华美学的现代转型
ZHONGHUA MEIXUE DE XIANDAI ZHUANXING

出 版 人:费世平
策划编辑:徐 鹏
责任编辑:徐 宇　任玉琳　徐宝妹
装帧设计:朱 锦　朱嫣然
美术编辑:张鑫坤
技术编辑:陈善军

出版发行:安徽教育出版社
地　　址:合肥市经开区繁华大道西路 398 号　邮编:230601
网　　址:http://www.ahep.com.cn
营销电话:(0551)63683012,63683013
排　　版:安徽时代华印出版服务有限责任公司
印　　刷:安徽新华印刷股份有限公司

开　　本:710 mm×1010 mm　1/16
印　　张:18.25
字　　数:204 千字
版　　次:2022 年 12 月第 1 版
印　　次:2022 年 12 月第 1 次印刷
定　　价:66.00 元

（如发现印装质量问题,影响阅读,请与本社营销部联系调换）

目录

绪　论　　001

第一章　中华美学传统及其沿革　　023
　第一节　生生品格　　025
　第二节　思维基质　　034
　第三节　美育载体　　045
　第四节　嬗递主脉　　052

第二章　中华美学现代转型奠基　　063
　第一节　现代转型的文化基础　　067
　第二节　现代转型的思想基础　　075

第三章　中华美学现代转型动力　　087
　第一节　内驱动因：传统惯性　　092
　第二节　外源动因：中西冲突　　108

第四章　文艺审美潜变及现代转型演进　　125
　第一节　小说审美中的现代性因子　　127

第二节	戏曲审美中的现代性因子	139
第三节	书法审美中的现代性因子	155
第四节	文艺审美现代性潜变趋向	176
第五节	文艺审美现代转型演进：以书法为例	193

第五章　美学现代转型百年历程　209

第一节	概念演变与本质探究	211
第二节	发生和起源研究	226
第三节	特性和特征研究	245
第四节	中国元素：走向未来的复兴利器	259

结　　语　263

参考文献　278

绪论

中华传统美学的现代转型，始终是近现代以来中国美学建构与学术研究的重大实践和理论命题。这一命题，时间跨度之大、学术背景之广、核心问题之多、所涉关系之繁、衡量标准之杂，可谓史无前例。总体观之，中华传统美学现代转型是在整个中国社会的文化学术、思想观念、文明风尚等近现代转型的大背景下由外源性因素促发、展开并在多个维度不断发生的，是在古与今、中与西、雅与俗、新与旧的冲突与融合中孕育生长的。中华传统美学现代转型具有动力上的外源性、节奏上的差异性、过程中的艰巨性、实效上的不彻底性四个特征。中华传统美学现代转型至少在主体意识建立、本体学科规范、学理性与超越性建构、民族独特的话语体系四个方面尚未真正完成。

一、拟解决的关键问题

研究中华传统美学现代转型这一命题之先，需要梳理清楚其研究对象、逻辑关系、影响要件及因子，分清主次，抓住关键，迎面破题。

对中华传统美学现代转型问题的研究，既要重视美学客体的演变轨迹，也要重视美学主体的演变轨迹，即转型期学人的反省、自觉与努力程度；既要关注美学内的因素，还要考虑美学外的社会契机和动力机制。就美学变化的本身而言，不仅需要认知其中国因素与西方、日本等外来因素的具体组合关系，也需要了解传统因素与现代因素的复杂互动及转化关系；不仅需要认知其新生长的现代美学门类的突出意义及其体系内各种因子间的逻辑关系，更需要注重揭示其彼此间存在的整体性和差异性的实际历史关联。因此，中华美学从传统向现代的转型，大体可以从美学独立性、自主性的初步生长（特别是现代新式职业学者和知识群体的萌生），美学内在结构的现代转换，思维方式和治学方法的重大变革，美学现代核心价值理念的形成与认同，美学生产机制的转轨和美学语言载体的显著变化等几个方面来把握。

从学理上看，至少有几个关键问题必须厘清。一是要搞清楚"是什么"，即转型前夕中华传统美学的样貌究竟是怎样的。搞清楚"是什么"，才能找到转型的原点、出发点。这是研究转型问题的逻辑起点。二是要搞清楚"为什么"，即中华传统美学为什么要转型。搞清楚"为什么"，才能找到转型的背景和驱动力。这是研究转型问题的实践前提。三是要搞清楚往哪儿转、转成什么样，厘清转和型二字，厘清传统和现代二词，即中华传统美学现代转型的方向和标准是什么。搞清楚方向和标准，才能找到转型的线索和落脚点。这是研究转型问题的理论前提。四是要搞清楚怎么转、转得怎么样，即中华传统美学现代转型的具体路径是怎样的，转型的效果如何。搞清楚路径和效果，才能准确判断转型的成熟度与未来趋势。这是研究转型问题的操作路径。

循此思路，则中华传统美学现代转型研究，至少需从如下几方面着手。

一是对转型前夕中华传统美学的样貌展开研究。以整体视域对中华传统美学作一简要梳理，解决"原点"的问题。中华传统美学源远流长、内涵丰富、外延广阔，为研究之便，宜将中华传统美学作为一个整体去研究，梳理中华传统美学的思想基石、核心范畴、基本特征、主要流派，并厘清中华传统美学在转型前夕的整体样貌，解决转型前夕"中华传统美学是什么"的问题，找到转型的起点。

二是对中华传统美学现代转型的发生展开研究。从内驱动力和外源动因两个层面，研究中华传统美学缘何发生现代转型，解决为什么转的问题。中华传统美学现代转型一方面是内忧所致，这是从中华传统美学本体发生、发展的内部需要出发所作的探究，即本土的、传统的、庙堂的、旧有的乃至各门类的中华传统美学，无论在研究主体、对象、方法、路径，还是在学术体系、学科体系、话语体系诸方面，均已与新形势下美学发展现状和需求不相适应、不相匹配，亟待转型以与时俱进。另一方面是外患所致，这是从中华传统美学转型前夕所遭遇的外部大小环境变化出发所作的探究，其中，外部大环境变化，是指近代中国社会和文化都面临着坚船利炮开路下的西力东侵、西学东渐的危急局势，遭遇三千年未有之大变局，正所谓覆巢之下焉有完卵，天崩地坼何以自处，中华传统美学也只能转型以求生存；外部小环境变化，是指中华传统美学数千年来始终是与异质文明和谐共处并不断接纳、吸收、消化异质文明来自我壮大和发展的，中西美学同处世界多元文明之中，时至近现代，中华传统美学更不可再夜郎自大、故步自封，既然已无法继续按照自己旧有的缓慢的演进节奏发展，无法独自闲在地自处，就要认清并处理好中西美学间的关系，主动接纳吸收西方美学以与时俱进。

三是对中华传统美学现代转型的方向和标准展开研究。中华传统美学究竟应该转向哪里？这是个方向问题。中华传统美学现代转型怎样才算转到位？这又涉及一个衡量标准问题。回溯中国近现代美学史，不难发现，对于彼时的中华学人而言，中华传统美学现代转型是一项几乎无从借鉴的艰难实践和理论实验，每一位学者都只能充分发挥个人才学，投身这场浩大的学术尝试。在这些步履维艰的、不断试错的学术尝试和理论实验之中，中华传统美学应该"往哪儿转"和应该"转成什么样"的问题不断浮现，凸显为彼时转型命题破题的集体共识。因此，围绕转和型二字、传统和现代二词，对中华传统美学现代转型的方向和标准展开研究，才能厘清中华传统美学由古典、传统向近现代转型的历史嬗递的线索、脉络，并解决中华传统美学现代转型研究的落脚点问题。尤需注意的是，在研究中国传统美学现代转型这一课题时，还需时时紧扣"型"这一重要术语，以此为基进行建构与阐释。型即范型，所谓范型，是美国科学哲学家托马斯·库恩在《科学革命的结构》一书中最先提出并为学术界广泛使用的一个概念。范型有广义和狭义之分：广义的范型涉及信仰、价值和技术的改变；狭义的范型则指能发挥示范作用的研究成果（范例）。库恩认为，科学发展要遵循如下基本模式：范型的建立—常态研究的展开—严重危机的出现—在调适中寻求突破，并导致新范型的建立。[1] 这一理论所描述的科学发展模式与中国传统美学现代化发展演进历程极为吻合，用它来阐释中国传统美学现代化历程中所发生的巨大变革具有可行性。有学者曾对中国现代学术范型进行过深入研究，这些研究可作为对中国现代美学范型研究的

---

[1] 周昌忠：《西方科学方法论史》，上海人民出版社1986年版，第342—348页。

有益参照。[1] 四是对中华传统美学现代转型的学科、范式、范畴、个案等展开研究。中华传统美学现代转型无疑是个大问题。究竟应该怎么转？哪些不能转，哪些需强化，哪些不必转，哪些需要转，分别需怎么转？外围怎么转，要件怎么转？这些都是操作路径问题。实际效果怎么样，则是评估标准问题。我们应通过研究中华传统美学现代转型的具体路径和实际效果，对中华传统美学现代转型的成熟度做到心中有数，并基于此，对尚在途中的中华传统美学现代转型的未来趋势有所预估。

二、需廓清的观念问题

探讨中华传统美学现代转型，会遭遇如何看待中华传统美学、如何看待西方美学、如何看待传统美学思想资源的问题。为此，有几个观念问题需廓清。

（一）"美学是人学"

探讨中华传统美学现代转型，首先会遭遇一个如何看待中华传统美学的问题。

---

[1] 陈平原曾指出中国现代学术范型起码有"走出经学时代、颠覆儒学中心、标举启蒙主义、提倡科学方法、学术分途发展、中西融会贯通等"。（陈平原：《中国现代学术之建立——以章太炎、胡适之为中心》，北京大学出版社 2010 年版，第 9 页）朱汉国指出五四时期学术转型四特征：学术旨趣多元化，学术分类专门化，学术方法科学化，学术形式通俗化。[朱汉国：《创建新范式：五四时期学术转型的特征及意义》，《北京师范大学学报》（社会科学版）1999 年第 2 期]

曾有学者主张并尝试按照西方传统美学以美的本质问题为中心的标准来考察中华传统美学。这不失为一种考察方法。但若要根据这一标准考察中华传统美学，一方面必须清醒地把握西方传统美学在美的本质问题上所达到的水平，而这一点在目前显然很难做到；另一方面显然有以西格中、削足适履之嫌，绝非科学客观的研究态度。

考察中华传统美学数千年发展史，不难发现，虽然在中国古代文献中"美"字被不断使用，但美的本质问题始终未能进入中国古代美学家的核心理论视野。中华传统美学拥有丰富的思想文献，既有诗论、画论、乐论、文论、书论之类的海量遗存，又有《乐记》《典论·论文》《诗品》《古画品录》《书谱》《文心雕龙》等文质兼备的理论著述，却找不到一篇类似于柏拉图《大希庇阿斯篇》、朗吉弩斯《论崇高》、荷加斯《美的分析》、博克《论崇高与美两种观念的根源》那样的专门探讨"美本身"或美学范畴的专题论文。直到清代姚鼐《复鲁絜非书》谈及阴柔之美与阳刚之美，中华传统美学史上才首次产生了在比较严格的意义上讨论美的本质的文献。至于清末民初梁启超、王国维等人及后世学者论美及其本质，则已进入 20 世纪，明显是西方美学的影响所致。可见，如果按照西方传统美学以美的本质问题为中心的标准来考察中华传统美学，则这个标准本身就是有待商榷的；而以此为据得出中华传统美学是"潜美学"的结论，或认为中华传统美学缺乏本体论精神，则无疑陷入了失之毫厘、谬以千里的理论陷阱。

设若更换一个考察视角和研究方法，改从中国传统文化对于人的本性的认识的角度去考察中华传统美学，情况将大为改观。

之所以选择这个考察视角和方法，源于人的本质问题对于美学的绝对重要性。马克思《1844年经济学哲学手稿》中指出："自由自觉的活动恰恰就是人的类的特性。"古往今来，人类为了生存和发展，始终不渝地追求和奋斗着。这是人作为整体或类的"自由自觉的活动"。人在改造自然、探寻外部世界秘密的同时，不断地反思、反观自身，凭借自己的理性和智慧，渐渐发现：人的本质乃至人生的本质归根到底是趋从于美，并和美学中所谈的美的本质融为一体。类就是人自己，是人的观念、幻觉、期待。我们追踪美，实质是探寻人，希望去影响和干预并不美的苦难人生。而在人生的历程中，人又不同于世间的万物。人是有精神性的，有超乎自然和超越自我的独立意识，有追求终极存在或宇宙本原并与其保持和谐一致的愿望。于是就导致这样一个内在逻辑——在一定的历史范畴内，美学必然上升到人学。从这个意义上讲，美的本质是人的本质最完满的展现，美的哲学是人的哲学发展的巅峰，美学研究是人的一种超功利的武器。对此，以海德格尔、萨特、卡西尔等为代表的现代西方人学已有论证。以李泽厚、高尔泰等为代表的当代中国美学界亦服膺于此，并致力于将美学建立在人类学哲学本体论的基础之上。高尔泰曾言："研究美，归根结底，也就是研究人。美的哲学是人的哲学的一个部分，是人的哲学的深层结构，它的一切前提都是从人的哲学引伸出来的。"[1]并进一步明确指出："假如一定要给美学下一个简短的定义的话，那么我们将说，美学是人学。"从这一视角和方

---

[1] 高尔泰：《论美》，甘肃人民出版社1982年版，第34页。

法去考察中华传统美学，不难发现，当中国古代哲人站在很高的起点上提出一系列关于人的问题的"现代课题"的时候，西方思想家对此几乎没有提出什么值得重视的思想。

（二）客观审视西方

探讨中华传统美学现代转型，还会遭遇一个如何看待西方文化、西方美学的问题。这个问题不解决，将难以对西方文化、西方美学与中华传统美学之间的关系作出理性、客观的准确判断和把握。

中华传统美学源远流长，博大精深。它植根于农业文明的大地，萌生于中华民族自洪荒年代以来艰苦卓绝的生存奋斗之中，历数千年而不泯，具有丰厚的文化人类学蕴涵和丰赡的审美精神传统。数千年来，中华传统美学按照自己的发展逻辑缓缓前行，虽在历代都曾或多或少地遭遇异质美学，却都坚守己道，并作为主体，接纳、融化、改造异质美学，而不失自己的本来面貌，并不断辐射周边、播撒四方。迄至明清，更以集大成的辉煌成就臻于巅峰。

文艺复兴以来，西方美学发展迅速，各种思潮、各种流派、各种观点竞相出现，它们相互对峙，交相攻讦，各不相容。与此同时，在各派别的内部由于见解不一，又先后分化出修正的新学派。学派的对峙既是学科科学不够成熟的表现，也是它正在成长壮大的征兆。晚明以降，当西方美学附着于已取得强势地位的军事、科技和文化，强行闯入闭关锁国的中国时，中华传统美学被迫打乱演进发展的自我节奏，提前踏上由古典向近现代形态转化的艰难历程。中华学人痛定思痛，历经百余年反思、检讨、批判、继承、超越、建构等艰苦卓绝的不懈努力，在中西冲突的大背景下，开始由被动地开眼看世界转为主动地引进西方文化，甚至要求全盘西化，再到理性地重新省思审视数千年中华传统美学并最终踏上现代转型的正轨。探索中华传统美学现代转型之途，迄今不绝。

西学东渐之后，大量的西方文化思潮涌入，不断冲击和挑战数千年来缓慢发展的中华传统美学，给它带来严峻的生存危机与全新的发展机遇。面对危机与挑战，理智选择和批判吸收无疑是正向积极的反应，生吞活剥或盲目恐惧实不足取。我们需要做的是研究和寻找与新社会状况相契合的精神结构与价值观念，勇敢地面对危机和挑战，这是人面对历史发挥主体创造性的主要的表现形式。毕竟，对于外来文化，引进从来就不是目的，对西方思潮、美学理论的翻译和引进无疑是必要的，但引进只是开始而不是终结，更为重要也更为细致、艰难的部分在于研究、消化、理解、比较、评价、批判、吸收，在更广的范围、更高的层次和更客观的氛围中为美学寻根，为中西美学寻找相同点、指出相异处，通过研究指出中西美学中相同的和不同的基因和根源，最终促进中华传统美学的发展并把中国的美学推向世界。照搬西方思潮、美学理论也显然是不行的，那无疑是对整个中华传统美学的全盘否定，势必陷入历史虚无主义的泥潭难以自拔，闹出邯郸学步的笑话，也必然导致僵化，而一旦僵化就不可能再有发展。吸收自然很重要，没有吸收固然不可能发展，但加强评论和批判也很有必要，没有评论和批判就不可能正确吸收。

闭关锁国，只能坐井观天；封闭自己，必然一叶障目。中国始终身处世界大舞台，中华传统美学无法与这一阔阔背景脱节而独自前进，中华传统美学也是置身于世界文化氛围中不断成长的。中华传统美学的发展有赖于加入世界大舞台、国际大循环、时代大平台；中华传统美学的出路在于在走向世界中博采众家之长，不拘一得之见，批判、改造外来文化，丰富、发展自己。然而，或许是急于求成之心超过了冷静思考的理智，抑或是面对危机挑战的一种应激反应，彼时的许多学者热衷于引进西方思潮、照搬西方理论、空谈西方文化，经常停留在语汇的积累、囫囵吞枣的浅层次中，对西方文化的利弊、真伪和中西文化的比较研究却注意不够，有的甚至近乎全盘否定中华传统美学。其实，西方美学不乏真谛，中华传统美学也不缺精华。当此之时，立足于数千年中华传统美学根基之上，对海量引进、急剧涌入的西方文化展开研究、理解、评价、批判、吸收、消化，理应成为学者们工作的重点。所幸，中华传统美学历数千年坚韧发展而积淀起的深厚丰赡的思想基石、思维特质、基本特征、核心范畴等根脉不仅始终未曾断裂，而且在学者们的不断探索过程中，日渐显现出强大的生命活力和独特的民族特性。

（三）关注思想资源

探讨中华传统美学现代转型，还会遭遇一个如何看待西方文化、西方美学与作为中华传统美学思想基石的儒道释诸家思想的关系的问题。这个问题既关乎政治问题，又关乎民族情感问题，也关乎宗教问题；既关乎理论问题，又关乎现实问题；既关乎民族思维特质问题，又关乎理论建构方法论问题。

考察中西文化交流史可知，迄至近代，影响中国传统文化、中华传统美学的外来文化主要有三种：一是古代佛教东渐，二是近现代西学东渐即欧美文化的引进，三是近现代马克思主义的传入。佛学西来、西学东渐与马克思主义传入中国，都对中国社会和中国文化产生了极其深远的影响，对中华传统美学的生成、转型起到了不可替代的作用。同时，中国传统文化、中华传统美学在中西文化交流中也对外来文化产生过深远的积极影响。诚如日本学者今道友信《关于美》中所指出的："东西方关于艺术与美的概念，在历史上的确是同时向相反的方向展开的。西方古典艺术理论是模仿再现，近代发展为表现……而东方的古典艺术理论却是写意即表现，关于再现即写生的思想则产生于近代。"[1] 此不失为外来文化与本土文化交互影响的一个侧证。

值得注意的是，西方美学家在西学东渐伊始便已注意到中华传统美学的丰富遗存并加以学习、借鉴、吸收。然而，令人遗憾的是，时至今日，现当代中国美学的理论建构基本上仍是在西方传统美学的形态下展开工作的。换句话说，当代中国美学主要是在西方美学的影响下建立起来的，而不是中华传统美学固有形态的新的演进。更有甚者，我们在当代中国美学某些学派中甚至找不到半点中华传统美学的痕迹与影踪，更遑论明清之际降及晚清中国社会和文化的近代变迁和转型时多位学人反思、建构中华传

---

[1] 今道友信：《关于美》，鲍显阳、王永丽译，黑龙江人民出版社1983年版，第74页。

统美学的努力。中西美学这种恰成对照的趋向无疑是值得每一位中华学人深思的。

三、传统美学的当代价值

（一）何以成为问题

自晚清以降，质疑中华传统美学地位和价值的声音从未间断。然而，过犹不及，此间必然有"度"的问题。我比较认同"建设重于争论"的观点。[1] 为此，有必要在为文之先，说说语境，以使对中华传统美学的当代价值的讨论建立在更加理性、更具建设性的基础之上。

坦白说，这实在不是一个很好的题目。百年前，它曾经是个沉重的话题。但在彼时，严格来讲，它并非学术意义上的美学理论问题，而是关乎社会发展、民族前途意义上的革命问题。学术让位于革命，时势使然，无可非议。20世纪90年代，它被学界重提，变成一个迫切的问题，成为论争的焦点，久盛不衰。论辩廓清理路，反诘助力前进，在世纪之交，厘清中华传统美学的当代价值，指明中华传统美学作为学科的发展方向和研究路向，确有必要。然而，在思想解放、学术昌明、中华传统美学已被深入挖掘且硕果累累的今天，它居然再次成为一个亟待讲清、讲透的大问题。诚然，怀疑和反省是为学的必需。但当它一再成为问题

---

[1] 张节末：《主诗人语：建设重于争论》，《浙江大学学报》（人文社会科学版）2006年第1期。

时，无形中总令人觉着有种莫名其妙的无奈。这本身就值得反思。这至少意味着两个问题：一是对民众的学术普及不够，二是部分学者的学术态度偏狭。

感性地讲，以此为题，对于传承数千年的中华传统美学史而言，实在是一件颇为尴尬的事儿。这份尴尬本不应由古人和传统美学本身来承担。与其说它是古人的尴尬，不如说它是当今某些美学界学人乃至全体国人的尴尬，是由特定历史阶段产生的后遗症和渴求速成所带来的焦虑；与其说它是传统美学的尴尬，不如说它是当代美学乃至全部中国学术的尴尬，是学术研究中弥漫一时乃至甚嚣尘上的浮躁所引发的窘境。换句话说，是当代人的焦虑和当代美学的窘境促使中华传统美学的当代价值这一命题一再成为问题。这种现状委实令人遗憾。

为此，有必要客观理性地梳理中华传统美学的当代价值，破除时下学人眼中、口里的偏狭，还原中华传统美学在当代的价值本相。

（二）内涵：客体界定与主体定位

探讨中华传统美学的当代价值，必须要弄清楚其目标，即价值的概念。何谓价值？李德顺曾从哲学角度对此加以阐释："'价值'这个概念所肯定的内容，是指客体的存在、作用以及它们的变化对于一定主体需要及其发展的某种适合、接近或一致。"[1]

---

[1] 李德顺：《价值论：一种主体性的研究》，中国人民大学出版社1987年版，第13页。

蔡钟翔则在分析文艺的价值时认为："'价值'不是实体范畴，而是关系范畴，它表明主客体之间的关系，是指客体对于主体需要的满足或适合。"[1]通常来讲，不同的客体，自会有不同的内涵和不同的特质，自然会导致不同的价值判断；不同的主体，自会有不同的需要和不同的视角，自然会对对象作出不同的价值判断。因此，要研究价值，就必须先廓清两个问题，即客体的界定和主体的定位。欲探究中华传统美学的当代价值，自然也不能例外。

  首先是客体的界定。根据哲学价值论的理解，中华传统美学的价值，应是作为客体的作品或审美活动对创作主体或中华传统美学接受主体的需要的满足或适合。中华传统美学的当代价值则突出强调了价值的当代性，应是作为客体的作品或审美活动对作为中华传统美学接受主体的研究者和作为中华传统美学利用主体的当代美学建构者的需要的满足或适合。出于研究之便，我们不拟探讨某一件作品或某一次审美活动的当代价值，而希望探讨中华传统美学总体的当代价值。换句话说，我们将以中华传统美学总体作为研究的客体。

  其次是主体的定位。如前所述，对中华传统美学的价值和对中华传统美学的当代价值的研究，均指向对主体的需要的满足或适合。但前者将主体定位在三个方面：一是中华传统美学的创作主体，即作品的创作者和审美活动的参与者；二是中华传统美学的古代接受主体，即作品的古代阅读者和审美活动的古代观察

---

[1]　蔡钟翔、袁济喜：《中国古代文艺学》，人民文学出版社2011年版，第16页。

者；三是中华传统美学的古代利用主体，即中华传统美学的创作主体、中华传统美学的古代接受主体以及既非中华传统美学的创作者也非中华传统美学的古代接受者的人，这些古代人或集团利用中华传统美学作为工具或手段以实现其需要。而后者将主体定位在两个方面：一是中华传统美学的当代接受主体，即作品的当代阅读者和审美活动的当代观察者；二是中华传统美学的当代利用主体，即中华传统美学的当代接受者、非中华传统美学的当代接受者，这些当代人或集团利用中华传统美学作为工具或手段实现其需要。可见，两种研究对主体的定位有着貌似细微、实则巨大的差异，而产生这种差异的根源正在于有无对价值的当代界定。以前文对价值的当代界定为基础，尽管中华传统美学创作主体和古代接受主体一般也同时是中华传统美学古代利用主体，而且当时也有些人或集团，既非中华传统美学的创作者，也非中华传统美学的古代接受者，却利用中华传统美学作为工具或手段以实现其需要，但他们都不在我们的研究主体范围之内，我们的区分标准仅在于是否当代。

综上，中华传统美学的当代价值研究在本书的界定就是：作为客体的中华传统美学总体对作为中华传统美学当代接受主体的读者、研究者和作为中华传统美学当代利用主体的当代美学建构者的需要的满足或适合。

（三）价值：以古为鉴、中西互补的当代诉求

"笔墨当随时代"，当代美学研究的要务，首在昭示人类审美实践的精神创造形态，揭橥其独特的本体规律及其与他类实践的

关联。当代美学的构建与发展无疑要顺应新的时代审美实践对理论变革和理论创新的这一内在要求。然而，对于当代人来说，古代常被视为有益的参照，此之谓"以古为鉴"。整体来看，中华传统美学之于当代美学亦可被视为一个可以自足、且有待发掘和完善的参照系，能为我们当代美学的学术自觉、研究视野、学科建设、理论框架、知识体系、研究方法、思维机制乃至发展趋向奠定坚实的基础，提供有益的借镜。由是观之，从中华传统美学学科的角度对审美现象和审美批评、美学史和审美批评史作整体性、系统性的把握，从而深入研究作为一种社会历史现象和文化现象而客观存在的人类审美活动，具有前所未有的意义。具体而言，仅从当代美学建构的视角，我们就至少可以窥见中华传统美学在主创队伍涵养、核心观念生成、言说形态选择、思维特质内化、审美精神追求五个方面的当代价值。

1. 主创队伍涵养：当代美学建构的人才培育

当代中国美学建构虽不乏热烈讨论与海量著述，但总予人以不尽如人意的感觉，尤其是在本土美学的理论建构与学术自觉方面，远未达理想状态。之所以出现此种尴尬境况，与我们当代美学建构主创队伍的古典涵养不足甚至缺失不无关系。实际上，数千年的中华传统美学为我们提供了丰厚的中华美学传统和审美资源，譬如礼乐文化与基本构型、创世神话与伦理性、美文与情采自律、人格化旨趣与逸趣、正变史观等传统文艺母体中的典范思想，足以为当代美学建构提供合理合法、更为完整强大且更富理性色彩的理论支撑，促成我们补足当代美学建构中人才培育的短板，造就与西方美学相匹配的、植根民族美学传统的学理阵容。

2. 核心观念生成：当代美学奠基的原创根源

当代美学建构需要面对的文艺现实、审美现状乃至中西交融的复杂情势远超过往。西方美学起步较早、发展较快，而中华传统美学因有其具体的时空局限，现代转型难免暂时出现"隔"的缺憾，这导致一个时期以来，当代美学对西方美学的依傍过度、对民族传统美学资源未能用足、用好，以致出现缺少骨骼、缺乏民族原创面貌的窘况。凡此种种，不能说与学人对中华传统美学重视不够无关。客观地讲，当代美学建构中核心观念的生成与原创的源头活水，无不源自中华传统美学在言志、缘情、载道、文质相胜等方面的奠基与开掘，其中，言志所导出的事功性观念，缘情所导出的审美性观念，载道所导出的文治性观念，文质相胜所导出的为人生的审美和审美化人生，等等，均可使当代美学建构形成足以与西方美学经典相匹、与时代审美风尚相接、与当代审美实践和大众审美取向相合的理论阵势。

3. 言说形态选择：当代美学话语的创新方式

中华传统美学的言说形态具有鲜明的民族特性，突出表现在四个方面：一是审美的主体性，二是观照的整体性，三是论说的意会性，四是描述的简要性。这与它的哲学根基与体验特性息息相关，也与它农耕文明的社会历史环境紧密相连。当代美学的门类、语言、创作方式、功能目标乃至实践环境均与古代有别，审美创造取向与美学理论趋向所关注的内涵发生了深刻的变革，当代美学还同时担负着对话西方的重任，亟待在言说形态上主动创新，与时俱进，以求对话的有效性。筑基于对中华传统美学精华的有效吸收与消化，当代美学话语的创新首先应整合分散在序、跋、书信、碑记、铭文、题款、游记、札记、笔记等文献中的中华传统美学思想，重新梳理、甄别、阐释这些弥足珍贵的第一手资料，理性地将之提纯、抽象、升华并进行回溯式的体系化重构，改进语体、创新形态，并依凭当今的新媒介，增强与西方、时代、大众对话的有效性。

4. 思维特质内化：当代美学交流的民族基质

中华传统美学有其时代、文化背景、审美对象的特殊规定性，无法涵盖、取代当代美学。然而，时空的斗转星移无法扼杀中华传统美学的现实生命力。中华传统美学既植根于坚实且深厚的中华哲学历史土壤之中，又富鲜明、独特、深刻的审美体验性质，更具高度的思辨抽象属性，在数千年的踵事增华中形成了气韵、风骨、言意等流变、开放的重要范畴与意境、形神、情景等丰富、延展的核心体系；中华传统美学所潜藏的迥异于西方的天人合一、诗性思维、言象意道等重要哲思承载了华夏民族的民族性格、文化心理、审美趣尚和深远传统。总之，中华传统美学所涵括的深具华夏哲学基础与民族思维特质的范畴、命题、方法在当代仍有其蓬勃生机与活力。因此，中华传统美学理应成为当代美学学理建构的有机部分；当代美学欲建构起独具中华民族特色的理论框架，亦必须从中华传统美学中汲取思想资源。

5. 审美精神追求：当代美学建构的终极价值

中华传统美学之于当代至为重要的价值，还在于其在民族审美精神方面的不懈垦拓，这一追求也是当代美学建构的终极价值所在。从这一角度来讲，中华传统美学所高扬的归本自然的艺境追求、尚中致和的人文秩序、温柔敦厚的价值美、虚实相生的意境美等美学思想，在当代美学建构的语境中更具有理论与现实、审美与创作的多元价值。

总之，中华传统美学自诞生起便含蕴着时代性、包容性、开放性与持续性，迄今依然生生不息、具有旺盛的生命力。中华传统美学的核心价值集中体现在文化价值、审美价值与精神价值三个层面。以文化价值论，中华传统美学凸显了刚柔并济、自强不息、冲淡平和、和而不同、立足本位的独特民族追求，展示了东方民族文化基因与内在品格之美，昭示着古老文明、诗性文化的成熟睿智；以审美价值论，中华传统美学强调内省，注重神韵、心观坐忘、情采合一、诗意自足，主张以自由无待的省思体悟直达审美本真，并以数千年独造而优秀的艺术傲视其他美学理论体系；以精神价值论，中华传统美学源自三教合一的内敛深度、源自士大夫入世情怀与人文关怀的博大向度、源自智者乐天知命与达观自适的昂扬高度，皆为华夏民族深掘、广拓、提振了精神气度，标举着陶铸了生命精神、迥异于西方美学的东方神韵。

在高度重视继承和弘扬中华优秀传统文化的当代中国，追问中华传统美学与当代美学及时代审美意识的关系，探究中华传统美学在当今中国文化建构、审美创新、精神重构中的地位，以期厘清中华传统美学的当代价值、促动传统美学的复兴与发展，无疑是颇具建设性意义的正向学术思考。行文至此，还想重申一个重要观点：建设重于争论。一切论争最终都要归结到重构对话西方的当代中国美学这一建设性的共同指向上来，从丰富的中华传统美学资源和华夏审美土壤中汲取当代美学的养分，生长出中国特色的当代美学标准系统和本土话语体系，这不仅是对中华传统美学现代转型的延展与升华,更是今天建构与西方美学对话、交流的当代美学开放系统的一条行之有效的途径。

第一章 中华美学传统及其沿革

中华传统美学思想的嬗递及发展，始终与历代哲学主潮和艺术思想紧密相连、相伴相成。作为中华文化的两大思想源头，儒家思想和道家思想几乎全程影响了中华传统美学思想的酝酿、形成和在各个历史时代的发展，并酿成了中华传统美学思想内涵中民族性这一特质。同时，以佛教尤其是禅宗思想为突出代表的外来文化与每个时代诞生的新的哲学思想相融合，激活了中华传统美学思想的民族内涵，推动了中华传统美学思想的创新与发展，从而铸成了中华传统美学的双重特性：既具有鲜明的民族特色，又具有独特的时代特色。

第一节 生生品格

中华传统美学是中华传统文化的重要组成部分，它融哲学思想与文艺思想于一体，有着丰富多样的形态，映射出民族心灵的方方面面，是中华民族精神世界的深层构造。其重要品格之一便是生生品格。这一品格有着丰厚的文化内涵、深厚的人文精神，是中华民族生命意识的洋溢，它以人为中心，将人与自然、人与审美有机地融合在一起，进而使审美活动与人生解放相贯通，这种品格由个体的人走向社会，融入民族精神之中，并在发展演变过程中呈现出生生不息的生命力。中华传统美学的生生品格源自中华民族文化一以贯之的民族认同心理与忧患情结，并具有海纳百川、为我所用的气度，故能历经风雨而走向未来。中华传统美学的生生品格主要表现在民族认同、兼容气概、人文精神三个方面。

一、民族认同

生生品格首先体现在中华传统美学所具有的超越时代的民族性与文化共性上。具体而言,就是它能够穿越历史、生生不息,表现出强烈的生命活力。五千年的中华文化一以贯之、历久弥新,毫无疑问,这种文化的民族性和共时性是生生品格形成的重要因素。远古年代的中华民族生存和发展于黄河、长江流域。中华大地东临太平洋,北靠茫茫草原,西濒高山雪峰与万里荒漠,西南则耸立着青藏高原。处于这样一种与外部世界相对隔绝的环境中,中华民族文化的形成,便自然而然地具有其封闭与独特的一面,其民族意识是十分强烈的。所谓中华民族,是由华夏族演变而来的汉族以及其他少数民族的总称。但在古代,中华一词是"以己为中"之意,与"以人为外"相对应,而"华"即文化发达、光耀四方之义,表现出华夏族的自傲心态。元代王元亮在注释《唐律疏议》时说:"中华者,中国也。亲被王教,自属中国,衣冠威仪,习俗孝悌,居身礼义,故谓之中华。"[1]这种说法代表了中国人对于自我文化的认同与优越心态。早在《左传·成公四年》中便出现了"非我族类,其心必异"的说法。这种文化上的民族心理,同样也渗透到中国传统美学之中。在中国历史上,由于政权的更替与所谓革命(革去前朝所受之天命)往往伴随着礼崩乐坏,因而在动乱中与新王朝建立初始,常常会经历文化的反思与礼乐文明的重建过程,比如在商末周初、秦末汉初、隋末唐初、元末明初等改朝换代之际,往往伴随周期性的文化破坏和

---

[1] 王元亮:《唐律释文》,载长孙无忌等撰,刘俊文点校《唐律疏议》,中华书局1983年版,第626页。

文化重建。在这种文化重建中，包孕着中华审美精神的儒家礼乐文明往往成为"兴废继绝，润色鸿业"的先锋。到了近代中国的资产阶级民主革命时期，传统文化中的民族主义自觉地体现在以章太炎等人为代表的学术思想中。杨度在《中国新报》1907年1月至5月连载的《金铁主义说》中提出："中华之名词，不仅非一地域之国名，亦且非一血统之种名，乃为一文化之族名。故《春秋》之义，无论同姓之鲁卫，异姓之齐宋，非种之楚越，中国可以退为夷狄，夷狄可以进为中国，专以礼教为标准，而无亲疏之别。其后经数千年混杂数千百人种，而称中华如故。以此推之，华之所以为华，以文化言……可决知也。"中华民族文化高度成熟且相对独立，成为一种精神现象与物质产品的融合物。作为一种包括审美意识与观念在内的文化，它当然具有很强的、超越时代与地域的吸引力，迄今为止，中华文化成为海内外华人的精神纽带与民族认同，也说明中华文化积数千年而成的共同民族心理的巨大能量与深厚的潜质，是任何民族的文化所无法比拟的。中国传统美学是中华民族在长期生存与抗争中积累下来的艺术心理与审美意识的结晶，它的民族性非常强烈，并且在特定时代成为激活文学生命力的动因。这种古典形态的美学传统，一旦经过时间与历史的考验和磨洗，为民族所认同与熟识，变成元典，也就具有了共时性和永恒性。尤其是作为一种成熟的文化，其超越时代的独立性往往更强，变成一种上层建筑，对每一时代的经济和政治产生巨大的反作用。中国传统美学就其最深层的意蕴来说，是中华民族审美心理的体现，只要中华民族还存在，这种传统美学的经典性与理想性就会在解体中再生，在扬弃中发展，因为它具有内在的永恒性与超越性。

不能忽视的是，中国传统美学的政教色彩是异常浓烈的。美学是由西周时代的礼乐文化演变而来的，先秦时代以孔孟为代表的儒家学说，对夏商周以来的礼乐文化加以重新解释与演绎，确立了以人格心理来充实外在礼义的审美理论框架，要求将诗学修养与"事父、事君"的政治需要相结合。至两汉的官方美学，更是在突出言志缘情的基础之上，发挥文艺厚人伦、美教化与移风易俗的功能。在文艺的指导思想上，从先秦时的荀子到西汉时的扬雄、齐梁时的刘勰，都鼓吹"原道、宗经、征圣"的文学观，将儒家文学思想作为传统固定下来，中国美学的生机趋于萎缩。这种保守在中国美学的发展中同样也经历了不断被冲击与更新的过程，正是在这种冲击与更新的交替中，中国美学的新陈代谢才不断展开，生生不息，走向未来。

二、兼融气概

生生品格还表现在包容性上。中国传统文化在面对外来文化时，具备强烈的主体性，很难被外来文化所同化，既有强烈的民族性，又有兼容并包、海纳百川的气度，从而能够生生不息地向前发展、走向未来，而不至变成僵死的东西。这种文化气概与吞吐自如的魄力，如果从根源上去寻溯的话，可以从中国文化的内在结构与价值观中找到答案。中国文化将天、地、人置于一体之中，这种宇宙观又是以互相对立统一的道作为存在依据的。道既是和谐完满的，又是变动不定的，它是一个开放的体系，具有通变的功能。中国传统美学源远流长、生生不息，决定了它即使经历外来文化的冲击，也依然能够传承下来，而不会走向衰亡。中华传统美学作为一个整体的文化概念，固然有许多维护封建宗法统治的因素在内，某种程度上与现代性和西方启蒙思潮是相冲突的，但是中国传统文化中的对民族与人类命运的关注、对真善美价值的不懈追求的内在精神，却与现代启蒙精神有相通之处，是人类文明的精粹，是可以通过传承、改造与现代性互相作用的。自1840年鸦片战争之后，中国的许多有志之士痛感国力的衰弱、民性的愚昧，大声疾呼，倡言立论，鲜明地将美学与增进国民之道德相结合。近代美学的主要精神，就是将立人为本与传统文化中的忧患意识相结合，涌现出一批学贯中西、融汇古今的美学大师。他们的成功，也说明传统美学与现代性并不相悖，是可以互相转化的。从文化传统的接续来说，即使五四时代最激烈地反对传统的人物，也不可能真正超越传统。维新运动时期的重要人物，如梁启超、康有为、谭嗣同、严复、黄遵宪诸人都受过传统文化的严格训练；五四时代的文化名人，如蔡元培、胡适、陈独秀、周作人、鲁迅、钱玄同等，哪一个自幼没有受过封建文化的熏陶？封建教育培养的是"学而优则仕"的人才，遵循的是"修身齐家治国平天下"的理念，其中最深层的是儒家的道德信仰与处世原则，是"天下兴亡，匹夫有责""先天下之忧而忧，后天下之乐而乐"的精神，这是儒家文化中最有价值的部分之一，也是几千年来中国传统知识分子立身行事的深层心理动力。这种情结在维新运动、辛亥革命和五四运动时期的知识分子中不但没有消弭，而且成为他们救国图强、批判传统文化的糟粕的精神动力。鲁迅在辛亥革命时期写就的《自题小像》中就有"灵台无计逃神矢，风雨如磐暗故园。寄意寒星荃不察，我以我血荐轩辕"的自誓，诗中援用的屈原《离骚》中的诗意，是对古老的爱国主义传统的发扬。鲁迅在《摩罗诗力说》中批评屈原《离骚》哀怨悱恻而反抗之意终不可见，但并没有摒弃其中的爱国主义精神。中华传统美学在近代尽管受到严厉的批判，受到来自西方的美学观念的冲击，在基本的美学观念与方法论上为西方美学观所覆盖，但中国近代美学深层的思想动因与价值观仍然受传统美学观的制约。梁启超、蔡元培、王国维、鲁迅、胡适、陈独秀等人都曾受到传统文化的熏陶，他们的美学思想自觉或不自觉地染上了传统美学与文论中经世致用的基本价值观的色彩，其中如王国维等人，更是自觉地融合中华传统美学与西方美学，创造出了自己的美学思想。这种优秀的传统也为朱光潜、宗白华等人所共有。

三、人文精神

生生品格还表现在中华传统美学的人文精神上。

第一，中华民族的生存状态与人文环境直接促成了中华传统美学人文精神的形成。中华民族生存在相对稳定的农耕文明的环境之中。这种与天相侔的农业生产及其社会形态，造成了先民将自然与社会的统一视为最高人生境界的观念。先民从天人合一的生存意识出发，形成了物我合一的思维方式，并深深地铭刻在《周易》与阴阳五行学说之中。《易传》中"物相杂谓之文"与"兼三材而两之"的文化观念，融会到人们的审美观念之中，便是大文化观念的一以贯之，它无形之中促使古人将审美活动与天道自然、人生和谐视为统一之物，从而使中华传统美学思想与西方美学从古希腊开始善观细部的认知观念有所区别,具有浓郁的形而上之人文底蕴,注重从宇宙与人生的高度去看待审美活动与观念意识。

第二,中华传统美学的人文精神表现在对人生解放和人生意义的不懈追寻中。审美活动作为人的个体生命意义的爆发,在特定年代往往获得直接的表现。相对于哲学的理性思辨与伦理的实践,审美活动通过"吟咏情性",使人的生命冲动在美的王国中得到升华,精神获得自由,意义得到形而上的超越。这一点,在魏晋南北朝表现得最为明显。汉魏以来,中国社会陷入空前的动乱分裂之中,在各种哲学思潮对于天道人事展开重新思考的同时,审美活动也成为人们重铸精神人格的创造活动,以人为本的文化观念融入美学思想之中。当时虽然佛教活动开始兴盛,然而在现实人生痛苦的解脱、精神人格的重构方面,审美活动显然更具有人文意蕴,更能契合人生需要。中国传统文化中的人文关怀,主要是由审美活动体现出来的。

第三,中华传统美学的人文精神能够代替宗教意义上的人文关怀,独立承载民族文化心理的安顿。中华民族在长期的生存和奋斗中,形成了乐观向上的人生观,"生生之谓易""乐天知命而不忧",便是这种心理的表征。这种文化心理使得中国人在遭遇危厄与痛苦时,能够在审美活动中获得解脱。钱锺书先生曾在《诗可以怨》一文中,指出六朝人认为审美具有止痛安神的作用。"悲歌可以当泣,远望可以当归",是中华传统美学看待人生与审美关系时的基本价值观念。在中华传统美学中,渗透着中华民族对自然和人生的体验,这种体验融情感与认知于一体。无论是儒家还是道家的哲学,都将人格的最高境界定位在超越功利的物我一体的境界中。西方的哲学或者是以认知为特点,或者是以超验的宗教世界为指归,这两种境界都以主客体的分裂为特征,中国古代的哲学和美学则主张将人的价值建构在人与自然的统一之上,这种统一又以审美体验为中介。这就决定了中国文化不需要宗教也可以解决精神信仰问题,使人生获得审美超越。

第四,中华传统美学的人文精神还表现在它的自我教育的意识之上。人文意识与人文精神不仅表现为人格的自我完善,同时也表现在运用自我完善的成果来对社会进行教育,陶冶人的情操,提高人的文化素质方面。审美活动不仅是个体的经验,更主要的是一种社会性的文化创造与普及活动,是个体与群体、自由与功利的有机融合。中华传统美学的人文底蕴在这一点上表现得很优秀。《周易·贲卦·象传》中有:"刚柔交错,天文也;文明以止,人文也。观乎天文以察时变,观乎人文以化成天下。"这是古人对于"人文化成"较早的看法。中国传统的人文是指用人类的文明成果来教化人民,使其由自然形态的人走向文明形态的人。这亦是人文关怀的重要方面。先秦时儒家强调"六艺之教",道家重视"行不言之教"(老子语),后来如《淮南子》与嵇康的《声无哀乐论》则兼融儒道,将自然之教与人文之教调和起来,用以陶冶人的情操,提升人生品味。中华传统美学的人文底蕴,通过这种教育思想与具体实施,体现出特有的对人的关怀。

第五,中华传统美学思想的形成,本身就是人文精神激活的成果。它源自美学思想人物内心深处的人文关怀,表现为对特定年代中文化危机的忧患,对再造审美理想的责任感。从中华传统美学的发展来看，美学人物首先是充满人文忧患意识的思想家，他们往往站在时代的前列与人生的尖峰上来考察审美现象，回应文化建设中出现的严峻问题，建构自己的美学理论。比如春秋以来，随着宗法制度向封建制度的嬗变，儒、道、法、墨诸家围绕对礼乐文明的评价以及由此而来的天道人性问题，开展了激烈的争鸣，对真善美问题作了不同的回答。儒家的"中和为美"与道家"乘物以游心"的价值观念，既是伦理价值的判断，也是审美价值的尺度。人文意识与美学理论的高度统一，是中国古代美学重要的精神传统，也成为后来中华传统美学向前发展的动力。孔子的"诗可以怨"，唐宋时代的"不平则鸣""诗穷而后工"等，不仅成为审美创作的动力，也是美学家从事理论建构的精神契机，表现出人文底蕴对美学建设的激活。中华传统美学由于具备深厚的人文底蕴，因而是中华民族精神世界与文化心理的突出表现。它在形态上具有黑格尔在《美学》中所提出的暂时性与永恒性两方面的特性。所谓暂时性是指它的历史具体性，这些特定时代的观念会随着时代的变迁而改变；而永恒性是指一些永恒的人文底蕴，比如追求人生的审美化、人与自然的统一等，但不会消逝，而且会随着时代的发展而生生不息，融入民族文化与精神世界之中。五四之后，中国传统美学的生命力得到继承与发扬。近代美学的兴起和演变与近代中国启蒙思想相伴，它既受西方启蒙学说的影响，同时也是对中华传统美学精神价值的承传与改造，因而涌现出梁启超、鲁迅、王国维以及宗白华、朱光潜等美学大师。他们将美学建设与塑造健康人格的时代重任结合起来，将立人精神与美学理论融为一体。刚健中正，厚德载物，自强不息……中国文化的这些基本价值观念,在传统美学中通过人格境界显示出来,使传统美学的人文底蕴与精神价值在现代社会发挥应有的作用。

第二节 思维基质

中华美学有独特的思维方式、范畴和研究方法,其中既有可以与西方美学互补、值得全球美学界珍视的方面,也有需要扬弃或需要借鉴西方美学加以改造的方面。把握中华美学的思维方式、范畴和研究方法等,有助于我们对中华美学进行反思,也有助于纵横交错、史论结合地研究中国美学史,发现中华美学现代转型良径。

一、由比达合

中华传统美学的思维方式往往通过譬喻、连类和想象等手法,以诗意的情调体悟自然和人生,反映出体现生命意识的天人合一的思想和以人为中心的体悟特征,并且体现出和谐的原则。审美活动是一种触及整个身心的活动,通过感物动情的诗意方式,体现了对象与主体身心的贯通——使全身心都获得一种愉快,并通过虚静的心灵和特定的感悟方式使主体的生命进入崭新的境界。

中华传统美学强调独特的、重感悟的思维方式。这种思维方式作为一种始终不脱离感性形态的直觉体悟,经由情的感动,通过类比和感兴,使得主体在物象中从生理到心理,乃至在生命本原的体道境界中能与自然及自然之道合而为一，从而体现出主体生命的创造精神。这首先表现为一种比兴的方式，即类比和感兴的思维方式。这种方式是主体先通过感知与审美对象发生联系，引景入心，然后感物而生情。主体将自己的性情、志趣寄托在所感受的物象中，心物感应，遂成就了审美的主体。所谓外感于物，内动于情，就是主体感知的事物通过想象、类比等加工，在想象力的作用下举一反三，衍生出相关的情感，创造出崭新的审美意象。从先秦开始有自觉意识的自然比德说和从魏晋开始有自觉意识的畅神说，都反映了主体审美的比兴思维方式，体现了对象的特征与主体情调的对应贯通关系。

　　这种比兴的思维方式，使得主体的心灵受到了自然山水的感发，获得了升华，形成了一种使自然对象超越物质的障壁成为独特的精神形态的传统。李仲蒙把比兴视为主体对自然山水体悟的两种思维方式，即借景抒情和即景生情（胡寅《与李叔易书》引，见《斐然集》）。其中比不只是艺术中的比喻方式，更是审美活动中比拟的体验方式。善用比喻，反映了中国古人审美的感受特征和思维特征。主观情感投注到对象上，通过联想等方式丰富了感受的内涵，强化了感受的情趣。这种比类取象的方法被进一步运用到艺术观上，艺术品被视为一个有机的整体，仿佛是系统的、完整的人的外化。

　　在中国古代思想中，以自然比拟社会文化的方式所形成的比德传统，把自然看成是德性的象征，乃是一种成熟的比喻文化。比德说认为，自然对象之所以美，是因为对象的某些自然特征与人的德性等精神品质有一定的相通之处，主体在观照它们的时候，以己度物，引发了特定的联想，将山水性情或特征与主体心灵贯通起来，使自然山水具有丰富的意蕴，从中获得审美享受，并借以感发和提升自己。在感受者的眼里，自然成了道德的象征，构成了审美的境界。在现存文献中，比德思想最早来源于孔子。如"子在川上曰：逝者如斯夫，不舍昼夜"（《论语·子罕》），以滔滔不绝的流水与时光的流逝相比拟。刘向在《说苑·杂言》中记载孔子以水为君子移情比德的对象，是对天人合一思维方式的运用。后来孟子、荀子等均对此加以阐释、发挥，形成了一个比德理论的传统，并深深地影响了后世对自然的审美领悟。后世诗画中盛行的松、竹、梅、兰、菊等题材，均是受比德思维方式的影响而产生的。

兴是指感性物态直接感发主体的情意，引发丰富的联想和深切的体验。这是一种即兴的体验，包含着当下的灵感。兴发之时，眼前的景物便染上了人的感情色彩，欣赏者的情思和意趣正通过这种景物获得感性、具体的表现。因此，"兴由感发"是沟通物我、融合情景的欣赏方法，是依物生情，由自然引起的激荡和回应。它使得自然山水作为心灵的对应物，作为主体精神成就的对应物而存在。物象感动心灵，而兴会的灵感让我们豁然贯通，从对象中受到情感的激荡，在审美活动发生的瞬间，在忘我的那一刹那，实现物我交融。这是一种心物偶然相遇、适然相合的心理体验。通过兴的思维方式，主体在审美活动中即景会心、自然灵妙，有一种浑然天成、不着痕迹的特点。在审美活动中，主体感物兴情，兴以起情。感而能兴，是以主体的感慨和体验为基础的，是一种直觉体验。

自然之象与主观情意的融合，乃是通过比兴实现的。中国古代的诗歌以鸟兽草木比兴，重视心物间的感应。孔子的"仁者乐山，智者乐水"，通过比拟和譬喻的思维方式，从自然中寻求精神寄托，拓展自我的精神生命。人们从山水比德中获得欣悦，以自然特征与人的精神品质相类比，把自然看成人的特定心态的象征。在对人生的审美体验中，比兴具体表现为"以己度人，推己及人"。

　　中国古人特别重视审美活动中悟的特点。悟的本意为心领神会，心解、了达就是一种透彻的领会。佛教禅宗则讲究了悟本心，由悟见性，通过悟来寻求生命的归依，这是整个审美活动中体悟的写照。在审美活动中，悟是主客体沟通的一种思维方式。悟是一种通过直觉、精神来体悟大道的审美体验，而这种体验又是在瞬间完成的。它以意会为基础，但又超越意会，既体验到对象，又把握到自我，包含着豁然贯通的觉醒。

　　在审美活动中，悟是主体通过对自然大化的生命精神的体验，通过对社会道德律令的把握，并且借助于内心的省思，对人生心领而神会，从而超越了现实的、既定的人生体验，消解了自然规律与社会法则的对立，进入一种物我两忘的个体与社会、主体与自然之道的交融境界。悟使得诗情与物象交融为一，是一种即景而会心，或因景生情，或因情而触景，实现物我合一。这是一种物我之间由感而通的境界。悟是人在景的感动下产生的情感的激荡与生命的勃发。通过悟，人在审美中实现了物态人情化、人情物态化。通过妙悟，主体由感官感受到的感性对象，激发起内心澎湃的情思，由悟进而通神，使得心灵突破身体局限，超越现实的时空；主体由体悟自然之道，而使自我得以升华，从而神超形越，从了然于心进入游心于道的化境之中，使大化精神汇入个体的精神生命，从而创构出自由的人生境界。

天人合一是中国传统的农业文明的产物，但它对于美学至今仍有着深刻的意义。天人合一是中国传统文化中的一个重要的核心命题。在审美的意义上，它体现了人们以人情看物态、以物态度人情的审美的思维方式。在中国传统的审美思想中，人与自然是统一的，万物生命间息息相通，处在相互对应的有机联系中，存在于统一的生命过程中，这体现出生命的某种象征意义。天人合一的思维方式，体现了中国传统审美活动的独特特征和有机整体的思想方法，这对我们总结人类审美活动的基本特征，乃至将中国传统的文艺理论思想发扬光大，有着重要的理论意义和实践意义。

天人合一意味着对象与人不恒被视为一体，而且使主体在审美体验中跃身大化，与天地浑然为一。天人合一是一种天人和谐的境界，个体投身到自然大化中去，实现个体生命与宇宙生命的融合。人可与日月同辉，与天地并生。人参天地化育，反映了人对自然的积极回应和人与自然的亲和关系。在审美活动中，天人合一不是单纯的主体对自然之道的被动体验，而是主体对自然的能动顺应，从对天地自然的积极适应和相融、协调中伸张自我，实现心灵的自由。

中国艺术既源自自然，又参赞化育，造于自然，以笔补造化，正是天人合一的一种表现。天人合一在人与自然亲密的基础上形成了一种相关的文化心理，这是人以诗意的情怀去体悟自然的结果。自然万物是愉情悦性的对象，人们可以从中获得身心的愉悦。中国美学正是在天人合一的生命情调中，即人与自然的亲和关系中生成的。

二、生命语汇

中国传统的美学范畴既受到传统哲学等的影响，也取自于现实的人生。其中许多单体范畴相互结合，或主从修饰，或并列融合，构成新的复合范畴。同时，中国传统的美学范畴还在借鉴外来范畴的基础上衍生了新的范畴。中国古代哲学和艺术批评中的范畴，如体现天人合一的思维方式和生命意识的气韵、风骨等，是中国古人对审美问题的独特的理论概括。他们将自然与人生感悟相贯通，尤其关注现实人生的价值。有的可与西方美学相互印证，有的则反映了中国人的独特贡献，与其他国家美学理论互补，对当代美学理论的建构有启发，应予重视和深化。

第一，中华传统美学范畴与哲学范畴是相贯通的。这些范畴深受中国传统的哲学体系的影响，在某种程度上，我们甚至可以说，中华传统美学范畴是中国古代哲学体系的有机组成部分。从有机整体观出发，中华传统美学将审美现象放在与宇宙自然、社会历史和人类的整个精神世界的广泛联系中进行考察，把审美现象看作一个由各种因素多层次结合在一起的有机体，看作一个生气贯注、血脉相通的生命整体。体现生命意识的神、气、意、象、味等思想都是受中国传统哲学影响的结果。受哲学思想的影响，中华传统美学思想还重视辩证方法，以形神、动静、虚实、意象、情景等范畴进行分析，有着非常自觉的对立统一意识。

第二，中华传统美学的范畴还体现了生命意识。中国古人认识到艺术作品不仅是人生命的体现和结晶，而且它本身的结构形式具有人的生命特征，艺术作品亦如人，有肌肤、骨骼、血脉、精神，是个生机盎然、有血有肉的生命体，是一种生气灌注的有机形式。它源于生命，在表现生命的同时，自身又获得了生命形式，并且以自身的生命形式而给人以无穷的美感。如气，既是作品作为有机生命整体的气、作品的内在生意等，又是作为作品源头的作家内在气质、个性的气，这反映了中华传统美学对艺术作品的独特领悟。又如作为艺术风格的风骨范畴，描述作品由言辞表达出来的强健有力的感人风采，其内涵也体现了中华传统美学的生命意识。再如神韵一语，最早见于南朝，本是人物评品用语，意为人物的神采气度，如"神韵冲简，识宇标峻"（《宋书》卷六十六《王敬弘传》），"神韵峻举"（梁武帝《赠萧子显诏》），等等，后来这些评品人物的话语被用于评画，南齐谢赫就以神韵论画，其意与气韵相近。诗论中的神韵是受画论影响的结果，如明代陆时雍、清代王渔洋等均以神韵论诗。

中华传统美学往往以生命喻艺术作品，或以植物评诗，如根情、苗言、华声、实义，或以人与动物喻诗，如神明、骨髓、肌肤、声气，都是生命意识的体现。古人特别注重近取诸身，以人喻艺，以气、性论人，如气、才、性、情、志、骨、神、脉、文心、句眼、肌理、神韵等。归庄《〈玉山诗集〉序》："气犹人之气，人所赖以生者也，一肢不贯，则成死肌，全体不贯，形神离矣。"[1] 以人的生命作喻，如《文心雕龙·附会》中的"情志为神明，事义为骨髓，辞采为肌肤，宫商为声气"，把作品比作人体、生命、风骨。[2] 胡应麟《诗薮》云："诗之筋骨，犹木之根干也；肌肉，犹枝叶也；色泽神韵，犹花蕊也。"[3] 吴沆《环溪诗话》也说："诗有肌肤，有血脉，有骨格，有精神。"[4] 王铎《文丹》云："文有神，有魂，有魄，有窍，有脉，有筋，有节，有腠理，有骨，有髓。"[5] 这些以人喻诗、喻文，将艺术生命化的观点，反映了中国古人对艺术审美特征的深刻认识。

第三，与生命意识相关，中国传统美学还将自然感悟与社会特征贯通起来。如味本来是生理感官的传达，陆机则以味来比喻作品的艺术感染力。这是基于生理的心理体验。他在《文赋》中说："或清虚以婉约，每除烦而去滥。阙大羹之遗味，同朱弦之清泛。虽一唱而三叹，固既雅而不艳。"[6] 即是说好的作品能让人长久回味。刘勰在《文心雕龙》中也多次提到味或滋味。钟嵘《诗品序》也提出了五言诗的创作要有滋味。宋代的张戒、杨万里、严羽、朱熹等人，大都对陆机、刘勰、钟嵘有所继承，并在此基础上有所创新。

第四，中华传统美学还借鉴了外来文化的内容，特别是在佛

---

[1] 归庄：《归庄集》，中华书局1962年版，第206页。

[2] 刘勰著，范文澜注：《文心雕龙注》，人民文学出版社1958年版，第650页。

[3] 胡应麟：《诗薮》，上海古籍出版社1979年版，第206页。

[4] 惠洪、朱弁、吴沆：《冷斋夜话 风月堂诗话 环溪诗话》，中华书局1988年版，第130页。

[5] 王铎：《拟山园选集》卷八十二，载《四库禁毁书丛刊·集部》，第88册，北京出版社1997年版，第366页。

[6] 陆机著，张少康集释：《文赋集释》，人民文学出版社2002年版，第183页。

教理论的范畴。如盛行于东晋南朝时期的佛教境界理论在借鉴玄学理论内核的基础上，对境和境界作了较为系统和深入的阐述，为意境说的产生提供了思想基础和思维方法。尤其是佛教理论家们对心与境关系的论述与艺术意境理论的基本特征相契合，故其影响更为深远。在唐代佛教各宗派中，对境界理论作系统阐述并对意境说的形成产生影响的首推禅宗。禅宗吸取了唯识宗对识与境关系的论述，提出了境界观。盛唐以后的诗论多以境论诗，就是受到了禅宗思想的影响，如殷璠《河岳英灵集》评王维的诗"一字一句，皆出常境"。一直到王昌龄的《诗格》才对物境、情境和意境的内涵进行了界定，他把唐代山水田园诗人的诗趣与佛家的境界相融合，从而加强了意境概念的内涵和风韵。正因为佛教思想和禅宗的影响，意境的内涵才得到了延伸与拓展。

这些全然不同于西方美学的中华传统美学，充分体现了中国古人对于对象的感性直觉体验，虽然有缺乏知性思考和逻辑性的弱点，但超越了认识论对审美问题研究的局限，在对人生体验的感悟方面，契合于审美活动作为精神价值体现的独特性，重视了知性所不能剖析的审美的感性特征，这使得中华美学展现出独特的精神内核。

三、诗意形态

中华传统美学思想常常通过直觉的方式对审美现象进行反思。与西方传统的分析方法相比，中国传统的思维方式更趋于综合，更具有人文情调。这是一种诗性思维，它始终不脱离感性形态，具有不即不离、若即若离的特征。中国古代的思想家们往往依靠敏锐的直觉体验，重领悟、重描述、重整体感受和印象，以较多的直观性和经验性，对读者进行感性引导，多给人以启示，让人在体验中获得共鸣，这反映了中国古代美学思想的诗性内涵。对于艺术作品，中国古代的学者常常"寓目辄书"，或比较，或比喻，或知人论世，或形象喻示，均为诗性话语，但遗憾的是他们的思想缺少缜密的分析。具体表现在以下几个方面：

第一，中国传统的美学思想重视感悟和连类无穷的诗性表达，其自身就是诗意的、审美的。艺术批评如诗论，就有以诗论诗的传统。杜甫的《戏为六绝句》和《解闷十二首》中论诗的几首，白居易的《与元九书》等都是批评文体中的名作。韩愈的论诗诗，数量多，诗语奇，如《调张籍》用了一系列奇崛的比喻来状写李杜诗风的宏阔与雄怪，读来令人惊心动魄。司空图的《二十四诗品》更是运用优美的语言来评说诗人诗作和诗意诗境。还有陆机的《文赋》、曹丕的《典论·论文》、欧阳修的《六一诗话》等，本身就是文学艺术作品。

这是由中国传统文化的基本特征决定的。农耕文化造就了中国传统的诗性文明。农耕的生产方式，决定了中华民族特定的心理品质和思维方式。中国传统的美学思想会走向与西方不同的诗性道路，原因就在于中国古代早期文化中所孕育出来的诗性智慧，同时它也是儒道释共同作用的结果。中国艺术重赏会与妙悟，中国传统的美学思想与艺术思想也重赏会与妙悟，这种妙悟的方式本身也是诗意的方式。中国古代艺术家从创作和欣赏活动的切实体验出发，引发读者通过体验而产生共鸣。

第二，中华传统美学思想还具有具象性特征。中华传统美学思想常常以象喻义，具有暗示性和启发性。中国文字以象见义，象形会意的文字不但给中国文学带来了独特性，也给中国的学术带来了独特性。中国文字具有一字一音和表意性特征，在文法上没有主动被动、单数复数以及人称和时间的严格限制，汉语的字词是流动的，随时相配而构成新的单元，不拘于宾主、人称等种种关系和要求，所以它多变、简洁、富有弹性。用它构成文学作品也富于暗示、朦胧的特性，同时，适于对情调、气氛的描写。这造成美学理论中文学修辞发达，诗文评论讲究炼字和炼句，散文评论讲求整齐和谐的俪偶或短长高下的气势之特点。这就导致中国美学理论比较重视感性，又超越感性；基于具象，又超越具象；重体验，诉诸直观体验；重视心悟，以感性形象喻诗；通过生动的形象对对象加以表述，想象奇特、引譬连类，形象地表达了抽象的内容，如《二十四诗品》中常用如、若、犹、似来表达一些基本的审美特征。

第三，中国传统的美学思想本身也体现了生命意识。中国艺术，特别是书画和文学等，为了能更好地表达出神韵来，常常用骨、气、血、肉、肌肤等加以描述，这无疑也是生命意识的体现。钟嵘《诗品》所谓"真骨凌霜"，明末清初宋曹所谓"用骨为体"（《书法约言》），沈宗骞所谓"画以骨格为主"（《芥舟学画编》）等，分别在诗歌、书法和绘画等方面用骨来对作品作描述。荆浩《笔法记》称："凡笔有四势，谓筋、肉、骨、气。"唐岱《绘事发微》要求绘画要"骨肉相辅"，刘勰《文心雕龙·附会》云"必以情志为神明，事义为骨髓，辞采为肌肤，宫商为声气"，苏轼《论书》云"书必有神、气、骨、血、肉，五者阙一，不为成书也"（《东坡题跋》卷上），张怀瓘论画云"象人之美，张（僧繇）得其肉，陆（探微）得其骨，顾（恺之）得其神。神妙亡方，以顾为最"（《画断》），等等，其他如风骨、气韵、风力、骨气等，均属生命系统的范畴。[1]中国艺术常常追求"一片化机之妙"的境界，这正是一种体现生命意识的体道境界。

第四，中国传统艺术具有重机能、轻结构的特点。中国传统艺术注重的不是维纳斯式的结构比例，也不强调对形体的简单摹拟，对自然，对外界，既是亲近的，又是敬畏的。古人认为无需细腻地摹拟自然对象的形态，"论画以形似，见与儿童邻"（苏轼《书鄢陵王主簿所画折枝二首（其一）》），也不可能写出对象的逼真形态来。人在这一点上，是不能与自然匹比的；而人之神态、气质，美丑、好恶，又非摹形所能传达。"欲得其人之天"（苏轼《传神记》），必当重以传神，必当重其充盈的生气。于是，人们便从神，从风骨、气血、肌肤等生命力的表征上去谋求表现。中国艺术的所谓骨、气、血、肉，也非肉体的现实，而是从功能角度去把握的。无物之象，无骨之肉，必不能立，更无风力可言。故画虽无骨，却处处见骨。字虽无血，却能墨中见血。无血则不生。至于肌肤，则更是神采的体现。故传统的艺术，轻形而重神，以神为中心，从机能的角度，以人比艺，将艺术视为一个生命的系统。

第三节　美育载体

中华民族古来即有先王之乐、诗教、礼教、乐教、六艺、六仪、四教等美育传统，这些美育传统一贯于五千年漫长且从未间

---

[1] 张彦远：《历代名画记》第五卷，载《景印文渊阁四库存全书》，第812册，台湾商务印书馆1986年版，第320页。

断的中华文明发展史中,在以中和为美、礼乐教化、三教互补、阴阳相生、艺美一统、风骨境界为内核的中华美育思想涵养中,孕育出独特的中华美育精神,化为中华民族生生不息的动力之源和傲立世界民族之林的思想之基。

一、源流考略

中华美育发端于上古,源远流长。上古美育意识最早可追溯到传说中舜的时代,《尚书·舜典》载舜命夔"典乐教胄子"、行"先王之乐"、祈"神人以和",其时诗歌、舞蹈、音律等各种艺术交融在一起,乐为诗、歌、舞的统称,开始成为自觉的审美化育的主要形式。在西周时期,礼、乐在庠序之教中并列六艺之首。彼时乐对人的感化美育作用不限于对孩童启蒙的学校教育,而是对全社会男女老少的全面感化。

春秋战国时期,"中和"开始成为美育的至高理想。如《左传》季札观礼崇《颂》,《国语·郑语》"和实生物,同则不继"严分和同。儒家重教化,力倡"乐而不淫,哀而不伤"与"过犹不及"的"中和"美育观,将天人之和与人际之和视为乐化育人的宗旨,提出"尽性""与天地参""文质彬彬,然后君子"的完人美育目标和"兴于诗,立于礼,成于乐"的审美化育方法,强调"志于道,据于德,依于仁,游于艺"的主体修身,注重顺应人的本性进行美育疏导和艺术感化。道家倡自然,追求天人合一的理想境界,庄子强调个体与宇宙大化贯通合一以达心灵自由的境界和对现实人生的解放与超越,提出"心斋""坐忘""虚静"等手段。

汉代,美育潜移默化的教化功能受到重视。《乐记》一面进一步提出"与天地同和""合同而化",强调君臣和敬、长幼和顺、父子兄弟和亲,一面着力发扬美育潜移默化的教化功能。《毛诗序》强调"风以动之",汉帝也立乐府,观民风、察民俗,以乐府诗歌感化人心、移风易俗、维护统治。建安年间,徐幹首次提出美育一词,并指明美育是养成文质彬彬的君子人格的基本途径,六艺、六仪是造就"群材"的具体方法。

魏晋以降,美育伴随着"山川之美,古来共谈"的共性之美和"情之所钟,正在我辈"的个性之美的发现,拓展出与道德教化迥然有别的内涵和领域。唐宋禅宗"见性成佛""修行""悟"给予中华美育别样的实现路径和方法论启发。宋明理学、阳明心学亦从格物致知、致良知两途丰富了中华美育的内涵。清人王夫之远承《尚书·太甲上》"习与性成"思想,阐发了美育日积月累的感化之功。迄至近代,蔡元培、梁启超、王国维等人在借鉴西方、体现时代要求、建立全球视野下的中国美育观方面,为中华美育提供了宝贵的探索经验和思想资源。

二、正名定位

育,本于毓,像母产子状,生的意思;《周易·渐卦》"妇孕不育,凶"中引为养之成长;《诗经·大雅·生民》"载生载育,时维后稷"中指形体之育,育其体;《周易·蒙卦》"君子以果行育德"中引申为精神之育,使之作善,育其德;《孟子·告子下》"尊贤育才,以彰有德"中则为育其智。中国传统思想中,育关涉自然与社会两层含义:一育其身,使其体格强壮、健康成长,指向体育;二育其心,使其智力发达、思想健康、情操高尚,指向德智美育。

中华美育是一种潜移默化的化育，而非强制性的教育，其基本功能有二：一是怡情养性，二是化性起伪。所谓怡情养性，是指美育从人的内心和情感角度出发，以动于内的审美方式感化人，使人亲和、充满爱心，同时又遵循和体现以道制欲、及时纠偏的原则，以达成保全人的天然本性的养性目标。化性起伪，出自《荀子·性恶》"故圣人化性而起伪，伪起而生礼义，礼义生而制法度"，是指用礼义法度等去引导人的自然本性，使之养成健全的心理、人格和崇高的精神境界，成为完整意义上的人。

考察美育史可知，中华美育虽有时代之别、派别之异，但各时代、各派别对美育基本概念和功能定位的理解却有相同之处。即中华美育是一种全社会、全民性的审美化育，而非强制性教育，其本质在化不在教，其主战场在民间的生产生活而非学校；中华美育利于怡情养性、化性起伪、化育群才、移风易俗、安邦保民、化成天下，应定位为育才良策、辅国重器。

三、核心观念

第一，中和为美。《礼记·中庸》如是阐发其主要内涵："中也者，天下之大本也；和也者，天下之达道也。致中和，天地位焉，万物育焉。"作为中华美育的统领性思想，中和为美既涵括了中华民族对天地万物存在发展的根本性规律的集体认同，又涵括了中华文化观念中"天地之大德曰生""天人合一""太极两仪""阴阳相生"的理论关怀，也涵括了中华民族中庸之道的生存哲学。

第二，礼乐教化。作为中华美育的基本观念，礼乐教化涵括了"礼、乐、射、御、书、数""《诗》《书》《礼》《乐》""文行忠信"等丰富的互相关联的整体性化育内容，涵括了天地之和的自然化育理想、人文教化、尽善尽美的社会化育理想和"文质彬彬，然后君子"的人格化育目标，既是中和为美得以实施的重要途径，也是中国古代政治社会、思想文化和人文教育制度的基本理念。

第三，三教互补。作为中国思想文化和中华美学的重要渊源和哲学基础，儒道释互补互渗始终是中华传统美育发展的重要线索。汉代以前，美育主要在儒、道互补中前行，充分融合借鉴了儒家教化、有为、入世、人道、性善论与道家自然、无为、出世、天道、自然人性论等重要理念，尤以荀子的化性起伪，《周易·系辞》"一阴一阳之谓道"、太极和魏晋玄学等为儒、道互补和指导美育发展的典型。汉代以后，佛教东渐，至唐宋，彻底中国化为禅宗，与儒、道一道为中华美育注入了意境、境界、妙悟乃至《文心雕龙》、《沧浪诗话》、敦煌艺术等别开生面的哲学思想与艺术元素。

第四，阴阳相生。作为中华美育独特而重要的审美与艺术思维模式，阴阳相生涵括了"生生之谓易""天地之大德曰生""天地合而万物生"等天地互动的中国古代生命哲思，涵括了阴阳、虚实、动静、有无、黑白、大小、长短等交感、融合的中国艺术生命律动之美，揭橥了中华美育和中国艺术讲求情感表现、注重韵律节奏、呈现生命之力、追求神韵之境的根源。

第五，艺美一统。作为中国文化和中华美育的基本内核，艺美一统是指审美与艺术的统一。迥异于西方美育的理论形态，中华美育因其特殊的发展历史，基本上是融注于国画、书法、戏曲、建筑、园林、诗歌、民间艺术等传统艺术发展之中，并始终鲜活地存在于中国人民的生产生活之中的。气韵生动的国画、筋肉骨气的书法、余音绕梁的戏曲、画栋飞檐的建筑、曲径通幽的园林、意境深远的诗歌、拙实素朴的民间艺术……这些传统艺术本身就是中华美育的重要内容和实现化育的有效途径。

第六,风骨境界。风骨、境界既同属中华美学艺术独特的本土审美范畴,又均为中华美育人格理想的重要标准。其中,风骨是以气为本源形成的刚健辉光的生命力及以骨气为主干的道德人格操守,承载着中华美育对文人士大夫人格操守的审美追求;境界是中华传统文化特有的象外之象、景外之景、味外之味、韵外之致、言外之意、文外之旨的审美特征和超越性审美追求,为提升和扩大文人精神境界提供了强大的理论资源。

四、基本特征

第一,情理交融。中华美育是一个情理交融的人文教化系统,既讲晓之以理,也讲动之以情。无论是先王之乐还是礼乐教化,都十分重视感情,强调陶冶性情。《诗经》《乐记》不乏针对情感的美育论断,如"兴于诗,立于礼,成于乐"主张通过诗教、乐教来陶养性情、提高人生境界,"志于道,据于德,依于仁,游于艺"将艺术和美的境界视为人生理想的化境,这些理念在中华美育中占据着非常重要的地位。中华美育中又充满着人文理性精神,这不仅在先秦经典中有鲜明体现,而且在宋明理学中"理"成为绝对本体和绝对精神,这种理性精神独大的传统甚至一度影响到现代新儒家。

第二,融入生活。中华美育历史悠久、形态多元,大都呈现出审美和艺术统一于生产生活的民族特征。我国丰富的非物质文化遗产和民间艺术资源便是自古迄今仍然鲜活地存在于当代人民群众生产生活中的最为典型的中华传统美育形态,充分体现着中华美育艺美一统、融入生产生活的民族特质。譬如我国的工艺美术,不仅有着悠久的历史、高超的技艺和丰富多彩的风格,还是中华民族造型艺术的重要组成部分,更曾是传统农耕社会里最重要的技术力量;不仅密切关联着制度、礼仪习俗、生活方式、审美理想,而且是过往文明的物质与精神载体;历朝历代的手工艺人为中华文明史谱写了极具智慧和灵性之光的灿烂篇章,也为中华美育提供了取之不尽、用之不竭的理论和实践资源。

第三,寓教于乐。作为中外美育的共有属性,寓教于乐使审美主体通过对美的感受、理解和鉴赏而获得快乐,在获得快乐的同时受到启迪、熏陶,使其在一种无拘无束、自由自在、快乐愉悦的状态中被化育。贺拉斯亦称:"寓教于乐,既劝谕读者,又使他喜爱,才能符合众望。"[1] 王阳明称:"今教童子,必使其趋向鼓舞,中心喜悦,则其进自不能已;譬之时雨春风,沾被卉木,莫不萌动发越,自然日长月化。"[2] 二人均道出了美育快乐愉悦的特点。不同形式的美对人的愉悦作用虽有差异,但都能给人以精神的快慰和美的享受,都是寓教于乐的具体体现。

第四,潜移默化。孔子云:"天何言哉?四时行焉,百物生焉,天何言哉?"美育与天相类,是如春风化雨般潜移默化的过程,必须逐渐沁入心脾、不断熏陶浸染,方可慢慢在审美主体心

---

[1] 亚里士多德、贺拉斯:《诗学 诗艺》,罗念生、杨周翰译,人民文学出版社1962年版,第155页。
[2] 王阳明著,叶绍钧点注:《传习录》,商务印书馆1927年版,第188页。

中奏效，渐渐形成心理结构，持久地影响审美主体的精神生活。王夫之注解《尚书》"兹乃不义，习与性成"时称："性者生理也，日生则日成也。"[1] 美育对人的造就，是在生产生活中日积月累、长期影响的结果。美育的终极目标是培养具备敏锐审美能力、良好审美趣味、健康人生态度、完善心理结构、丰富个性魅力，具有自由超越精神和炽热理想追求的全面发展的人，这就决定了美育绝非一朝一夕之功，而注定是一个长期实施和发展的活动。

第五，诉诸感性。中华美育有着感化心灵、陶冶性情、培养情操的崇高目标，为确保美育效果，通常需要以美的形象吸引人，以审美对象的感性形态、以情感为中介对人进行感化，以期在养目、养耳的基础上，通过感性形态悦情、悦意，打动人的心灵，给人心灵以快适，使之成为完整意义上的人。这一特征不仅使中华美育因不需要进行直接推理和深刻理解便可奏效而具有更广泛的普遍性价值，而且极大地拓展了中华美育的领域、范围和形态，使之可以随时随地以丰富生动的多元样态尽情实施。

第四节　嬗递主脉

中华传统美学自史前、夏商周、秦汉时期萌芽兴起，至魏晋南北朝、隋唐五代演进发展，历宋金元明清转型，至20世纪以来加速演变。中华传统美学的这一嬗递主脉，基本符合中华传统美学变迁的历史实际。

---

[1] 王夫之著，王孝鱼点校：《尚书引义》，中华书局1962年版，第55页。

一、萌兴：儒道创生

第一，植根于实践创造中的原始审美酝酿。

中国史前文明，尤其是旧石器时期至西周的文明，虽缺乏直接的原始文献资料，却有着丰富的文物遗存；尽管华夏民族史前并未形成完整而系统的审美思想，但也有着先民们审美体验与其劳动实践、器物创造浑然一体的鲜明特征。基于这两种原因，我们似乎亦可依据考古发现的旧石器时代至西周时代的石器、玉器、陶器和青铜器等大量工艺品遗存，以对话的方式，发掘先民们朴素原始却异常丰富的审美意识和先民们生产生活的思维及心理特点，依稀考见蕴含于其中的审美意识的历史变迁，再现其原生态的审美文化。

中华原始审美意识，最初酝酿于旧石器时期先民的身体进化和劳动实践中，继而物化于华夏先民的器物制作尤其是石器的多样化造型中，由之生发出原始自发的审美活动，实现主观审美形式感和审美情感同客观的人造物的结合；及至新石器时代，先民在生产和生活中进一步累积经验，在制作陶器和玉器时开始了自觉的审美活动，不仅注重造型，也注重纹样和图案，开始追求装饰作用，力求实用性与审美性并重，甚至更加追求装饰的表意性功能，形成了多样统一的审美风格，中华原始审美意识随之进一步演化。进入三代，先民艺术与审美的趣尚由朴素自然渐趋庄严肃穆，九鼎铜爵、青铜饕餮、钟鼎铭文渐次惊现，绚烂丰赡的青铜文明将中华原始审美意识推向新的高度，也为即将到来的轴心时代美学思想的诞生奠定了坚实的物质和思想基础。

第二，草创于百家争鸣中的民族审美奠基。

春秋战国是中国美学的奠基时期，以儒家和道家美学为代表。孔子是儒家美学的创始人，孔子的美学思想体现了政治、伦理、美学的统一。如孔子提出的"尽善尽美""文质彬彬""兴于诗，立于礼，成于乐"等审美观念，体现了礼乐相成、美善合一的审美理想。另外，在人生境界上，孔子一方面追求"从心所欲不逾矩"的独立自由，另一方面又追求自强不息的进取精神，如"三军可夺帅也，匹夫不可夺志也"，体现了合规律性和合目的性的统一。孟子是儒家美学的主要代表，他更强调内心修养，认为"充实之谓美"，而这种审美理想是通过"养浩然之气"实现的。孟子主张性善论，在此基础上强调美感的共同性。在文艺观上，孟子提出了知人论世、以意逆志说，对后世影响很大。荀子作为儒家美学的后期代表，既注重顺天，又强调后天的努力，既主张"虚一而静"，又主张君子以"全粹为美"，并提倡适当的繁丽和奢华。

道家思想以老子和庄子为代表。老子的自然观作为审美的最高理想，对中国传统的文学艺术产生了广泛的影响。他的大音希声说和大象无形说，认为优秀的艺术超越了物质形态的声和形，成就了感性的审美境界。而他的虚静说与涤除玄鉴理论，则通过庄子，对后世产生了深刻的影响。他的有无相生理论对后代艺术理论中的动静结合等观点，也有广泛的影响。庄子发展了老子的自然观，提出顺其自然、由技入道的游心境界。他的"得意忘言""言不尽意"等思想，最终指向大美不言的胜境。

《周易》作为肇始于商末周初、在战国时期完成的《易传》中得到充分展开的上古经典，系统阐释了"天人合一"的思想，体现了阴阳化生的生命意识，运用了比兴等诗性思维方式，本身就体现了审美功能,对中国古代的诗歌和其他艺术产生了深远的影响。其中的易象理论及"观物取象""立象尽意"的思想,对中国古代的意象学说产生了根本性的影响。《考工记》作为中国第一部工艺美术著作,阐述了工艺创造中天人合一的原则,并从色彩等方面阐述了五行相生的思想,结合具体的工艺创造,对纹饰的仿生性和虚实相生的创构思想进行了阐释。《乐记》作为中国第一部系统的音乐理论专著,从音乐的产生、功能、性质、方式和效果诸方面论述了音乐缘情、和谐和"以道制欲"等方面的内在规律。

第三,大一统背景下兼收并蓄的拓展。

秦汉时期是中华民族走向大一统的时期,秦汉美学是对先秦诸子美学的整合,又在新形势下对中华美学思想作了进一步的拓展。秦汉美学有以下特点。

其一,秦汉美学受道家宇宙观的影响,把审美与宇宙的统一性联系起来,同时还受到儒家思想的影响,又兼收墨、名、法、兵、农各家,是对先秦诸子美学的概括和综合,如《吕氏春秋》《淮南子》《毛诗序》等秦汉时期的著作对儒、道各家都有不同程度的继承和发展。

其二,秦汉时期的美学思想还没有摆脱原始巫术观念的影响,日常生活的审美观往往表现为一种吉凶观。汉初,黄老思想流行,后儒家思想盛行。儒学经历了一个儒学经学化、经学谶纬化的过程。受经学思想影响,汉代美学具有一种气象庞大、风格繁丽的时代审美特征。汉大赋、汉建筑和石雕是其代表。另外,汉代后期谶纬思想流行,为此,王充提出要"疾虚妄"。

其三,围绕对"屈骚"的评价,自淮南王刘安始,司马迁、扬雄、班固、王逸等展开种种争论，司马迁对屈原的人生遭际感同身受，对其伟大的人格给予极高的评价，在此基础上提出发愤著书说，打破了儒家中庸之道的美学理想。

其四，秦汉时期书法艺术走向独立，并出现了一些对后世影响深远的书法理论，如扬雄提出著名的心画说，许慎提出象形说，崔瑗则有"观其法象"的观点，蔡邕提出"势"的审美范畴，并指出书法创作者的心志要"散"，强调了书法与自然的内在联系。

二、演进：三教合流

魏晋南北朝，以三玄（《老子》《庄子》《周易》）为阐释对象的玄学成为这个时代美学与艺术理论的哲学基础。玄学抨击名教、崇尚自然，其情性自然观催生了以情为本的审美观的确立。玄学清谈中的言、象、意之辩催生了意象理论，并为中国古代美学的核心范畴——意境理论奠定了基础。玄学的基本概念道、玄、无对审美直觉体验理论启迪深远。玄学对宇宙本体的追求使魏晋南北朝时期的中华美学富有形而上特色。玄学变化日新的发展观影响了魏晋南北朝求新求变的美学思想。

在美学基本理论方面，魏晋南北朝奠定了中国古代以审美体验、审美感兴、审美形式的创造等为核心的基本美学风貌，揭示了审美活动贯通宇宙万物和主体生命，使得主体与宇宙韵律和谐运动，达致最高境界，确立了审美与艺术活动对于实现个体生命完善、不朽、超越、自由和享受的独立价值。重要概念如虚己应物，触物兴感，神与物游，即物穷理，文气说，缘情绮靡说，性灵说，情景关系，情文关系，言、象、意关系，道与文，声律理论，形神关系，传神写照，气韵生动，自然，文质，神思，意象，风骨，神韵，滋味，通变，才、气、学、习，等等，无不成为后代新的文艺美学思想的生发点。

魏晋玄学清谈中的人物品藻，达到了中国古代人物审美思想的最高水平；对于自然的审美，魏晋南北朝开创了中国古代系统的自然美理论；音乐、绘画、书法、文学等各个门类的美学理论在这时也得以建立。阮籍、嵇康的音乐美学思想，顾恺之、宗炳、王微、谢赫的绘画美学思想，王羲之、孙绰等人的自然美理论，陆机、刘勰、钟嵘的文学美学思想，都是这一时期美学思想的代表。

隋代是中国美学思想由魏晋南北朝向唐代转化的过渡期，南北文化开始整合，但由于国祚短促，整合的过程并没有真正完成，只呈现为过渡状态。诗文方面，隋朝出现过两次改革文风的活动，以李谔、王通为代表，但因其理论薄弱而未起多大作用；书法方面，隋代书法美学的代表人物为智永、智果，智永确立了永字八法理论，智果注重汉字结构的平衡与变化的美学原则，这些都体现出隋代书法美学思想有向强调书法法度发展的趋势；绘画方面，隋代最为鲜明的特色在于壁画的大量出现，但就绘画理论而言，由于时间较短，并未出现绘画美学专著，仅留下些只言片语。这一阶段的艺术创作领域和美学界都没有堪称大家的人物出现，作品数量不多，题材、风格单一，流派并未形成，所以隋代美学在中国美学史上的意义极为有限。

唐代是中国美学走向成熟的建构期。唐代佛学堪称中国佛学的精华，对中国美学乃至中国文化深层话语影响深远。禅宗的此岸与彼岸、主体与世界的绝对合一取缔了前期各宗各派对于漫长奔赴道路的预设,使中国佛教在从崇拜走向审美的道路上突飞猛进。唐代各门类艺术理论体系业已基本成形。唐代诗文美学思想璀璨夺目:孔颖达延续了儒家"诗言志"的美学思想主流;李白、杜甫糅合和渗透了儒、道两家思想系统以及形式美学风尚;白居易继承并发展了美刺说,秉承了儒家诗教传统;韩愈、柳宗元坚持文以明道,掀起风起云涌的古文运动;盛唐诗歌从兴寄到兴象,体现了特有的诗美;司空图提出"象外之象"之意境观与"味外之旨"之诗味说,代表了晚唐诗歌美学理论的最高成就。唐代还是中国书法艺术开疆封域的伟大时代,颜真卿、柳公权、张旭与怀素等名家辈出,正楷、行楷、行草、草书等各体兼备。唐书法审美约可分为形、象、意三个层面,彼此之间又相互关联。唐书法尚法,通过唐代书法家的创作,中国书法法度的格局已基本奠定。绘画方面,唐代画论以王维《山水诀》、张彦远《历代名画记》为代表,其中《历代名画记》纵横开阖,体大思精,是中国历史上第一部绘画通史。唐代文人画强调写意,崇尚自然,张扬个性,对中国绘画史影响巨大。乐舞方面,唐代乐舞较前代更为丰富,体现在佛教音乐的兴起、西域乐舞的传入、民间曲调的流行、燕乐的发展和新乐府运动的出现等方面,但就乐舞美学而言,隋唐五代的乐舞理论并不突出。

五代十国是中国历史上一段较为混乱的时期,这一时期的美学思想显得较为苍白和单薄。五代时期的诗文代表作家有西蜀《花间集》的作者群以及南唐李璟、李煜、冯延巳等。其中《花间集》所表现出来的是当时的一种追求轻艳淫靡的风尚,温庭筠、韦庄亦写闺阁,但多少有了些女性身姿之外的内心世界。五代时期的诗文理论曾出现过两种理论导向,一是强调文学的政教化以至功利化，二是体现了五代时期诗文美学最重要特征的缘情说。缘情说又分为滥情和真情两支。西蜀文论重于滥情，而南唐文论重于真情。五代是禅学入书学的时代，一大批僧人具有深厚的书法造诣，把禅的精神带入了书学，如贯休、亚栖、辩光、吴融等。在绘画上，荆浩的《笔法记》是唐代画学走向宋代画学的标志。五代美学思想既带有唐代美学的印迹，也拓展了唐代美学的思路，远承魏晋美学，终于酝酿出宋代美学的思想脉络。

三、转型：内省集成

宋金元时期的艺术创作和文化思潮，呈现出日益内省化和义理化的特点。宋金元美学虽然和唐代美学一样，重视对艺术和自然的审美鉴赏而轻视哲理性学说建构，但仍然有很多学者从对艺术和自然的感悟中生发出了一些有普遍意义的美学命题和美学学说，如外游论与内游论、以我观物与以物观物、诗中有画与画中有诗，等等。宋金元艺术创作在成熟的意境中蕴涵着飘逸之气；宋代理学思潮的兴起，使得传统儒学在义理化的层次上达到了一个新的高度；与此同时，传统隐逸文化也在宋金元时期有所发展。

这一时期，就各门类艺术美学而言，音乐主要涉及字声关系、情律关系、音乐表演的美学问题及其艺术境界等。书法尚韵、尚意，反对束于法、拘于法，提出了"无法之法"的见解，同时注重意境的空灵之美，强调适意、乐心的审美愉悦与娱乐消愁的作用，并高扬以人论艺、以艺喻人的传统。宋金元绘画美学将逸格视为画格之最高境界，苏东坡论画形理并重，强调神似，山水画理论以郭熙、郭思父子的《林泉高致》中的《山川训》最为著名；在审美意象的营构问题上，苏东坡提出了"成竹在胸"与"身与竹化"两个命题；宋人强调画家要多角度、立体、全景式地观察事物，提出以大观小的主张，并追求"远"的美学境界。文学方面，高扬文、道"两本"的观念，推崇自然与平淡的风格，重含蓄、余蕴、韵味和言外之意。另外，以禅喻诗是宋金元美学思想的一大特色，以严羽的《沧浪诗话》为代表。

明代的文学艺术理论与明代心学相呼应，明代前后七子以复古为口号，强调兴寄，反对宋人以议论为诗的非审美倾向。唐宋派文人强调直抒胸臆，提倡本色自然，并遗貌取神，注重作品的内在生命力。到明代后期，随着市民文化的兴起，个性解放思潮的汹涌澎湃，徐渭倡导本色与自然，对戏曲、小说给予了相当的重视，他的文学主张充满了清新浪漫的情调，使得理学受到了根本性的冲击。李贽以人为本，强调发乎情性，由乎自然，要求艺术家具有纯真的童心。汤显祖则从戏曲的角度，提倡文以意趣为主，强调性灵、灵气和情感。到公安派的袁氏三兄弟，则要求作品有自家本色，反对为格套所拘，反对复古，崇尚个性和对时代精神的表现，强调艺术作品要有自然之趣。

明代思想在早期虽有以理节情的一面，后期的艺术实践也对人欲横流的社会现实有所批判，但其整体趋向，乃是引发了个性伸张和审美趣味的市民化倾向，使得经典的审美理论受到了一次冲击和震撼。伴随着明代政治制度和社会经济秩序的变更，人性解放和个体自由成为时代主题。相应地，明代美学除了在总结中拟古守旧以外，更多的是在探索中革旧创新。

清代对以往各文艺门类的美学思想都进行了深入的探讨和系

统的总结。诗歌散文美学方面，中国古代诗文创作与理论发展在清代达到了新的高峰。王夫之的诗歌美学思想，标志着中国诗歌美学发展史上言志与缘情两股思潮的汇合。散文美学方面，姚鼐是桐城派影响最大的代表作家和文学理论的集大成者。小说戏曲美学方面，以金圣叹为代表的清代小说批评家，比之前代，更看重小说自身的特殊性，反映了清代小说理论对审美特性的重视。李渔的《闲情偶寄》第一次系统地从戏的角度来研究戏曲艺术自身的规律，构成了一个较完整的体系，在中国美学史上，这是前无古人的。绘画、书法美学方面，石涛的《画语录》是中国绘画美学著作中最为重要的著作，他从哲学的高度揭示了以山水画为代表的中国画的美学本质，并阐明了中国画家如何在艺术创作活动中获得自由这样一个根本问题，从而将古典画论提升到前所未有的高度。书法美学方面，康有为《广艺舟双楫》最有美学价值的地方是对阳刚之美、崇高之美的竭力张扬。刘熙载完成了对中国古典文艺美学的总结，他以自己深厚的学识根底和博大的精神力量，融会贯通，夺胎换骨，使中国古代积淀的重要的文艺美学思想都向形而上的高度超越，从而使中国古典美学思想得到最充分的发展与完善，为中国美学的转型和新变作了准备。

四、世纪新变：碰撞交融

中国在近代以前的文明史里，虽有悠久的审美意识史和丰富的美学思想，但并不存在科学的、严格意义上的美学概念。中国有美且有学的历史，要到 20 世纪初年才算真正开启。中国现代美学是 19 世纪末、20 世纪初西学东渐的产物，其发展主要是中西学术文化与美学思想激情碰撞、初步交融的成果。

中国现代美学大体可以分为三个时期：20世纪初的美学启蒙及其学科创建时期，20世纪三四十年代的中国现代美学奠基和中国马克思主义美学诞生时期，20世纪后期的实践论美学在论争中不断发展的时期。在中国现代美学的百年进程中，成就卓越、地位崇高、影响深远的美学家有王国维、朱光潜、宗白华、李泽厚等人。王国维的美学启蒙及其悲剧、境界理论中所体现的中西美学融合之初步尝试，朱光潜对西方美学的翻译介绍、批判综合以及他在美学研究中所体现的心理学方法与向度，宗白华对中国美学与艺术的精深微妙的体验、把握以及他在艺术境界理论的建构中所体现的中国美学的本土立场，李泽厚美学研究中的体系意识、哲学高度以及他在实践论美学中所体现的对马克思主义哲学的深刻理解与重新阐释，共同为中国美学现代体系的构建和21世纪的新发展奠定了坚实而厚重的理论基础。

回望百年中国美学的现代进程，我们看到，中国现代美学家的努力与探索，取得了令世界瞩目的丰硕成果。但是，我们又不能不清醒地认识到，中华传统美学由古典到现代的转型还远远没有完成，富于民族特色的中国现代美学体系的真正构建，还有待于新时代中国美学家们继往开来的学术努力与创新。

第二章 中华美学现代转型奠基

清朝是中国封建社会的集大成者，是中国传统社会从繁荣逐步走向衰落的时期，也是中国社会由古代向近代转型的时期。这一认知基本奠定了中华传统美学现代转型的总背景。

在清代，空前统一的强大的中央集权多民族国家逐渐形成，传统的社会经济达到鼎盛。在鸦片战争前的近二百年间，清代在政治、经济、民族、宗教、军事及外交等诸多方面颇多建树，为后世留下宝贵遗产，影响着近现代中国的发展大势。到了19世纪后半叶，由于封建王朝自身难以克服的缺陷，清王朝政治腐败、经济崩溃，国内阶级矛盾、民族矛盾激化，战乱不止，综合国力大为衰退，愈来愈无法抵御新型的资本主义列强的疯狂侵略；战场上的节节败退，致使清政府损失惨重，且蒙受奇耻大辱，直至中国社会由封建社会逐步落入半殖民地半封建的深渊而不能自拔，最终被波及全国的辛亥革命推翻。

清廷治下的268年间，政治、经济、军事、民族关系等诸多方面都发生了天翻地覆的变化，取得了足令中外瞩目的空前巨大的成就，投射到社会、思想、文化乃至审美方面，更呈现出全方位的嬗递轨迹。其中，既有着对前代的集大成式的全面总结与内在承续，更有着面向未来的雅俗并进的近代转型与外在影响。清王朝影响所及，从周边地区一直扩展到世界各地，成为当时世界上名副其实的东方大国。纵览清代268年历史，社会呈现出鲜明的多变特征。在此期间，中国人民历经了承续与断裂的剧变阵痛、天崩地解的思想突变、复古与典雅的正统倡导、思想启蒙的逐步兴盛，其中孕育着中国传统美学史上承前启后的高峰，在漫长的中国传统美学现代转型嬗变历程中有着独特的历史地位。

整体来看，清代处于传统社会的晚期，新的经济因素成长发展，加之西学东渐，中西文化冲突融合，使得清代社会呈现出有异于前代的独特风貌。其一，清代依凭强悍的政治军事力量，不断强化君主专制，使得中央集权的大一统始终居于垄断格局，而晚明以来的民主启蒙思潮持续萌生，并不断挑战专制威权，两大思潮的交织斗争贯穿清代始末，堪称这一时期最大的特色。清承明制，却改革宦官制度，设军机处加强中央集权，行督抚制、保甲制管理地方，设理藩院管理少数民族事务，在部分地区设将军，分而治之；思想文化上继续尊崇程朱理学，推行八股取士，大兴文字狱，思想专制空前强化。与此同时，在明清更迭、社会动荡、思想桎梏一度削弱的间隙，黄宗羲、顾炎武等猛烈批判君主专制，提出限制君权、分散权力、学校议政等一系列颇具民主色彩的思想，这些反君主专制的思想具有鲜明的近代色彩，堪称时代进步的写照，却终因清廷的遏制与扼杀，没能进一步实现现代化。其二，有清一代日渐形成了多元一体的中央集权制国家，传统文化典籍得以被集中梳理，中华文明得以有效承继、延续和传递。清廷肇始于东北，从统辖漠南漠北的蒙古入手，进据中原，嗣后又收复台湾、平定准噶尔叛乱、平定南疆、统一新疆、抗击沙俄侵略势力、定西藏归驻藏大臣辖领、在西南少数民族地区行"改土归流"之策，终在乾隆一朝形成包括汉、满、蒙、维、藏、彝、白、回等数十个民族于一体的统一国家。多民族共生、共通、共荣，各民族融合共塑、多元一体，成为这一时期最突出的特点。其三，得益于国家统一所形成的大市场与货币流通，清代农业、手工业持续发展，商品经济与城市经济空前繁荣，这促成了商人群体的发展和城市市民群体的迅速扩大。城市与商业的勃兴，堪称这一时期不同于前代的重要特征。其四，清代社会风俗总体上普遍呈现出世俗化、平民化的倾向。其中，既有教育的平民化和世俗化，也有三教合流的世俗化，更有世俗、平民意识对文人士大夫阶层雅趣的渗透。其五，肇端自晚明利玛窦来华以来的西学东渐与传统的中学西传并行不悖，在冲突与融合中，为中华古老文明带来了异质的西方科技，注入了新鲜血液，为传统中国社会向近代的转型与进步壮大了声势。

第一节　现代转型的文化基础

　　清廷在顺治一朝虽戎马倥偬、未遑文治，在文化政策上基本沿袭明代旧制，政权建立伊始就不断加强文化专制。自康熙朝以后变本加厉，力图将全国的思想文化强行纳入程朱理学的轨道之内，同时极力打击各种异端学说。康熙初年，清廷将南明残余扫荡殆尽，统治趋于稳固，清圣祖亲政以后，经济逐渐恢复、文化相应加强，迄至三藩平定、台湾收复，清廷更于文化政策上屡加调整、强化专制，使得清初一度活跃的文化思潮受到沉重打压，丧失健康发展的机会，从而有力地维护了政权的高度专制。与统一的专制帝国晚期相适应的清代文化，将远比先秦、汉、唐更富于思辨色彩的新儒学——宋明理学作为其统治思想，这是其显著特征。理学虽派系繁多、主张各异，但均从孔孟出发，将君主专制与伦理道德归为宇宙本原，试图论证君主政体的合法性、永恒性、权威性，因此受到清廷青睐并被定为思想文化的正统。在此前提下,清廷仍承明制、尊朱学、崇正统、黜异端。清廷的文化政策,突出表现在焚书与文字狱事件、科举取士制度的恢复、崇儒重道基本国策的实施、博学鸿儒特科的开设、图书访求与编纂的兴盛、由尊孔到尊朱的转向六个方面。

一、焚书与文字狱事件

作为上层建筑的文化政策,一方面必然要受到决定其形成的经济基础的制约,从而打上鲜明的时代印记,另一方面必然受统治者的根本利益所左右,成为维护其统治的重要手段。满洲贵族所建立的清王朝,虽然形式上是满汉一体的政权体制,但是以满洲贵族为核心,才是这一政权的实质所在。这一实质决定了满洲贵族对广袤国土上的为数众多的汉民族和其他少数民族的强权统治。从顺治中期开始,清廷便以武力为后盾,渐次向全国推行剃发易服。反映在文化政策上,具体而言,便是两项较大的事件:一是焚书,二是文字狱。焚书是清廷在顺治年间所开的恶劣先例。顺治十六年(1659),清廷以"畔道驳注"为口实,下令将民间流传的《四书辨》《大全辨》等书焚毁,并严令各省学臣"不得崇尚异说",明令士子"不得妄立社名、纠众盟会"。文字狱是清廷于康熙年间开始实行的又一恶劣政策。较之明代,清廷文字狱多为镇压汉族士人民族意识而发难。清廷对汉族士人的政策经历了最初的怀柔利用到康雍乾时期高压的转变。譬如,康熙朝的庄廷鑨《明史》案、戴名世《南山集》案,雍正朝查嗣庭试题案、曾静案等均为累及人数众多的文字狱大案,后来的乾隆年间的文网密布、冤狱丛集、文字狱再兴均肇始于此,乾隆一朝文字狱案件较康雍二朝增长4倍以上，史载康雍乾三朝文字狱合计高达108起，堪称中国文化思想史上血腥的一页，而其根源亦皆在于此。严酷的文化专制禁锢思想，摧残人才，成为清代学术思想发展的严重阻碍。

二、科举取士制度的恢复

科举取士自隋唐以来即历代相沿，成为封建国家的储才大典和文化建设的基本国策。明末，由于战乱频仍、危在旦夕，科举考试不能正常举行。顺治元年（1644），清廷入主中原，顺治帝诏示天下，"会试，定于辰、戌、丑、未年；各直省乡试，定于子、午、卯、酉年"，恢复实行明代的科举取士制度。[1] 1645年，清廷从科臣龚鼎孳、学臣高去奢之请，于当年十月举行南京乡试；同年七月，张存仁疏请在浙江开科取士；1646年，清廷在京举行首次会试、殿试，傅以渐成为清廷首位状元，后官居大学士。此后科举的内容或为八股文，或专事策论，而以八股文作为科举考试内容最终成为定制。同时，清廷还修复明代北监为太学，又改明代南监为江宁府学，官学教育自此重开。此外，各省书院也陆续获得重建。

三、崇儒重道基本国策的实施

中国古代社会历来重视文教，宋明以来，从孔孟之道到周程张朱的道统，崇儒重道已成为封建帝国的基本文化国策。清承此

---

[1]《世祖实录》卷九，载《清实录》，第三册，中华书局1985年版，第95—96页。

制，在经历清初多年的干戈扰攘之后，顺治九年（1652），临雍释奠大典隆重举行，顺治帝勉励太学师生笃守圣人之道，"讲究服膺，用资治理"。[1] 翌年，又颁谕礼部，把崇儒重道作为基本国策确定下来。两年后，朝廷又举行了清廷历史上第一次经筵盛典，崇儒重道的气象初具。康熙帝即位后，辅政四大臣以纠正渐习汉俗、返归淳朴旧制为由，推行文化倒退政策；康熙帝亲政后则提出以"文教是先"为核心的十六条治国纲领，把顺治帝制定的崇儒重道国策具体化，以康熙十七年（1678）的诏举博学鸿儒为标志，这一国策开始在国内全面实行。

四、博学鸿儒特科的开设

开科取士，意在得人。自顺治初年重开科举之后，清廷虽网罗了部分人才，但多数学有专长者或心存正闰、不愿合作，或疑虑难消、徘徊观望，不愿为清廷所用。出于振兴文教的需要和笼络天下士子之心以巩固统治的私心，康熙十八年（1679）举行博学鸿儒特科，集应荐143人于体仁阁殿试，经考试录取50人，其中一等20人，二等30人，俱入翰林院供职。这次开设的特科意义重大，既显示了清廷崇尚儒学，标志着清廷与天下士子全面合作的实现，同时也促进了满汉文化的合流，从而在无形中为巩固清廷统治提供了文化心理保障。

五、图书访求与编纂的兴盛

书籍关系文教，封建帝国文教盛衰的考量多系于二，一为得

---

[1]《世祖实录》卷六八，载《清实录》，第三册，中华书局1985年版，第539页。

人多寡与质量高低，二为图书编纂与收藏盛衰。清廷于此二道尤为重视，前有恢复科举与开设博学鸿儒特科，后有历代清帝对图书典籍的重视。顺治帝重视对图书的编纂和访求，组织编纂了《明史》《通鉴全书》《孝经衍义》等。康熙帝加以光大，先修经学、史学，后扩及诗文、音韵、性理、天文、地理、数学及名物汇编等，奠定了日后图书编纂繁荣兴旺的深厚根基。康熙年间敕撰大型书籍，除了组织编纂《世祖章皇帝实录》，完成重修太祖、太宗《实录》，刊刻太祖、太宗、世祖三帝《圣训》，着手编写《明史》之外，还编纂了许多颇有价值的书籍。

一是编纂《会典》《则例》《方略》。清廷重视编纂《会典》，主要是为了强化专制主义中央集权，使各级官员更有效地为中央政府服务。清朝的第一部《会典》开修于康熙二十三年（1684），二十九年（1690年）成书，共162卷。全书体例以宗人府为首，然后是内阁、各部院衙门，实行以官统事、以事隶官的编次方法。《则例》由各衙门负责编修，做法是将所在衙门中经办的典型事例归纳起来。康熙十二年（1673），颁布《六部题定新例》，又先后编撰《刑部则例》《中枢政考》《吏部品级考》《兵部督捕则例》《户部赋役全书》《学政全书》《旗地则例》等。《方略》（纪略）的资料采自军事奏报和有关诏旨，并按年月日次序进行编纂，有《平定三逆方略》《平定察哈尔方略》《平定海寇记略》《平定罗刹方略》《亲征平定朔漠方略》。

二是编修史书。有《御批通鉴纲目》59卷，《通鉴纲目前编》1卷，《通鉴纲目外纪》1卷，《通鉴纲目举要》3卷，《通鉴纲目续编》27卷，《历代纪事年表》100卷。

三是编注经解等类书籍。其中，经部分 10 类，《易》类有《日讲易经讲义》18 卷，《周易折中》22 卷；《书》类有《日讲书经解义》13 卷，《书经传说汇纂》24 卷；《诗》类有《诗经传说汇纂》20 卷，又序 2 卷；《礼》类有《读礼通考》120 卷，《读礼志疑》13 卷，《礼经会元疏解》4 卷，《周官笔记》1 卷，《礼记纂编》6 卷，《朱子礼纂》5 卷，《周礼问》2 卷，《丧礼吾说篇》10 卷，《三年服制考》1 卷，《昏礼辨正》1 卷，《大小宗通绎》1 卷，《家礼辨说》10 卷，《辨定祭礼通俗谱》5 卷；《乐》类有《律吕正义》5 卷；《春秋》类有《春秋传说汇纂》38 卷，《日讲春秋解义》64 卷；《孝经》类有《孝经衍义》；理学有《朱子全书》66 卷，《性理精义》12 卷。

四是编辑诗文集。其中，《古文渊鉴》64 卷，《御定全唐诗》900 卷，《御定全金诗》74 卷，《御定四朝诗》312 卷，《御定佩文斋咏物诗选》486 卷，《历代题画诗》120 卷。

五是编纂字典及有关工具书。其中，《康熙字典》42 卷，《清文鉴》20 卷，《渊鉴类函》450 卷，《佩文韵府》106 卷，《韵府拾遗》106 卷，《骈字类编》240 卷，《分类字锦》64 卷，《子史精华》160 卷，《词谱》40 卷，《曲谱》14 卷。

六是编纂大类书《古今图书集成》。

七是编纂地理、历象、数理、植物等学科书籍。其中，地理类有《皇舆表》16 卷，《方舆路程考略》不分卷，《清凉山新志》10 卷；历象类有《月令辑要》24 卷，《历象考成》42 卷，《星历考原》6 卷；数理类有《数理精蕴》53 卷；植物类有《广群芳谱》100 卷；另有绘画《御定佩文斋书画谱》100 卷等。

乾隆年间图书编纂首推《四库全书》。该丛书于乾隆三十八年（1773）开始设馆编辑；内容包括经、史、子、集四部，分44类，66个子目，共辑录先秦至清初重要文献典籍三千四百六十余种七万九千三百余卷；该书前后共抄写7部，分藏七阁，另抄副本1部，藏翰林院。其中数阁所藏历经战乱，大部分散佚，经补抄得全。

总之，清廷通过编纂书籍网罗汉族士人，以图"百世无疆""万年时叙"，达到其巩固统治的目的。与此同时，这些图书整理与编纂工作，对古代图书文献的保存有不可磨灭的贡献，也有利于推动学术研究。

六、尊孔转向尊朱

尊孔，是历代崇儒的标志。康熙由亲政之初在太学释奠孔子到执政23年后的尊孔，有着截然不同的意味，前者有虚应的意味，后者则是崇尚儒术的象征。这一转变呈现了康熙本人的儒学观从形成到深化的转向。纵览康熙一朝崇儒重道文化国策实施的全过程，康熙帝从了解理学、熟悉理学，直到重新为理学确定标准的思想发展脉络显现了出来。儒臣熊赐履为康熙帝师，熊氏笃信朱学，常向康熙讲述理学，尤其是朱熹思想。在熊赐履的影响下，康熙形成了以理学主张为主的儒学观。康熙的儒学观，核心是辨别理学真假的问题。翰林院侍讲学士崔蔚林认为格物"乃穷吾心之理也"，认为朱熹格物太泛。康熙帝转而论诚意，指出"朱子解意，字亦不差"时，崔氏不同意，康熙依据程朱之说予以批驳，指出理学有真假之分，并斥崔蔚林、李光地等假道学。

由此可见，康熙之儒学实为理学，即尊崇朱学。换句话说，康熙尊孔的根本命意在于，要用以孔子为代表的儒家思想去统一知识界的认识，以此来确立维系封建统治的基本道德规范。康熙儒学观的基本内容主要涵括三个方面，一是视理学为伦理道德，二是将理学融于儒经之学，三是尊朱学为官方哲学。三者构成了康熙儒学观的基本内容。正是基于这种认知，康熙出于社会稳定的需要，最终选择了作为元明两朝正统学说的朱熹儒学。他指出，"朕以为孔孟之后，有裨斯文者，朱子之功最为弘巨"[1]，并下令汇编朱熹论学精义为《朱子全书》，升格其从祀孔庙的地位，使朱熹由东庑先贤跃升为大成殿十哲之次，成为第十一哲，实现了由尊孔到尊朱的转变，从而确立了崇儒重道文化国策的基本格局。

总之，清廷严酷的文化专制政策是君主专制制度的衍生物，这些政策造成清代学术氛围的死板和守旧，士人思想受到禁锢而陷于僵化呆滞状态，毫无生气和创造力，正如龚自珍所言之"避席畏闻文字狱，著书都为稻粱谋"[2]。这些政策实施的直接后果，便是乾嘉学派的产生、发展与病态兴盛。从某种意义上讲，近代中国在世界范围内的落伍，清廷文化专制政策之害难辞其咎。中国美学现代转型的进程在很大程度上受制于这一文化基础。

---

[1]《圣祖实录》卷二四九，载《清实录》，第八册，中华书局1985年版，第466页。
[2] 龚自珍：《龚自珍全集》，第九辑，上海人民出版社1975年版，第471页。

第二节 现代转型的思想基础

一、程朱理学的复归与衰变

程朱理学酝酿、成型于宋元,在南宋理宗时已占统治地位,元代沿袭南宋"以朱子之书,为取士之规程"的旧制,且"终元之世,莫之改易"。[1] 程朱理学到明代达到鼎盛,在朱明王朝的大力扶植下,成为中国宗法君主制社会后期占主导地位的官方正统哲学,对当时的社会生活产生了极其深远的重大影响。明末朱学鼎盛之际,社会政治危机也日渐突出,阳明心学开始勃兴并完成市民化转向。程朱理学和陆王心学均为时代产物,又随时代演变和统治需求而此消彼长、各领风骚。及至清朝,程朱理学经历了清代前期的复归、兴盛,清代中期的衰落及清代晚期的稍振而不兴的嬗变过程。

程朱理学在清初的复归主要归因于两个方面。其中,清廷的大力倡行是至关重要的。如前所述,清王朝在统治初期为巩固政权,除在政治制度上效仿明制外,还加强了对文化思想领域的控制。清廷以强大的行政力量匡扶程朱理学的正统地位。清帝康熙称"自幼好读性理之书",并重修《性理大全》,编印《朱子全书》和《性理精义》,重用熊赐履、李光地、汤斌等理学名臣,在尊孔之后力崇朱学,定朱熹《四书章句集注》为科举必考内容;乾隆亦多次下诏删减、销毁书籍中与程朱抵牾或标榜其他学

---

[1] 柯劭忞:《新元史》卷二三四,上海开明书店1935年版,第447页。

派之处；此外，清廷对科举所试八股文，仍规定以四书五经为据，不得牵涉经典以外的其他书籍，议论也不得引证史事、联系现实，士子皆不敢旁观杂书。

另外，理学自身的发展是程朱理学复归的另一重要因素。明末清初，士人深病王学末流弃儒入禅、空谈性命、不务实际的弊端，甚至将明亡归咎于王学。为此，学者纷纷因王学末流之积弊而或如熊赐履尊朱黜王，或如孙奇逢《理学宗传》调和朱王，或如顾炎武回归经典。康熙年间，李光地、陆陇其、陆世仪、张履祥等理学名臣推波助澜，各自在理论上持续推进程朱理学的复归。李光地学宗程朱而不盲从、不拘泥于其学理且能纠其偏失，亦兼取陆王之长，于程朱"以理为本"和陆王"以心为本"之外别创"以性为本"，并十分注重向康熙强调儒学道统与帝王治统的一致性，主张儒学道统为帝王治统服务，因此深得康熙宠信。陆陇其则恪遵程朱"以理为本"，强调不可越理、悖理、逾理，要谨遵封建纲常伦理准则，并对陆王心学大加抨击，深得清廷褒奖。陆世仪学宗程朱，既承袭其理本论、理在气先的宇宙本原思想，又反对程朱性二元论之说而坚持"性善只在气质"的性一元论，并肯定陆王心学中"致良知"的学说，堪称清初思想活跃的表征，被顾炎武誉为"当世真儒"。张履祥治学由王返朱，祖述孔孟、宪章程朱，恪守朱子"居敬穷理""内敛求心"，力辟陆王心学及释老之说，既遵循程朱理本论、理在气先，又将封建伦理道德与"气循乎理"相联系，更主张耕读与共、不可偏废，注重切于世用。然而，众人的理学阐发终因清廷文化政策及康熙对理学的独特见解而止于对纲常伦理道德规范的践履之上，屈从于康熙等封建帝王借理学驭诸士的道治一统的功利之用。

综上，清初的程朱理学复归在学理上并无多少新见，只重纲常伦理规条的统驭功效，难免趋于偏枯。

乾嘉以降，程朱理学虽复归为清廷正统思想，却地位旁落、日趋式微、败北汉学。迄至道光，则因考据衰颓而经由唐鉴、倭仁、曾国藩、吴廷栋诸儒力倡而复有微振，却终难逃强弩末势。

二、经世思潮的两度兴起

迥异于之前的程朱理学和之后的乾嘉汉学，立足社会现实、着眼当世之务、力求纾难解困的经世思潮堪称清代士林思想中最具革命性的华彩篇章，先后经历了明清易代之际引人瞩目的兴盛与清代中后期因势再兴的崛起。

清初的经世思潮着眼于思想上的反思明亡、学术上的弃虚就实、策论上的以经济理，成就了博大的显著特征，几乎涵括了清代学术的全部子项，蕴藏着深厚的史实底蕴。明末至清初的百余年间，中国社会处于天崩地解、神州荡覆、宗社丘墟、世乱积离的极点，程朱理学在理论层面与实践层面呈现出双重没落的颓象，这既是整个封建社会积重难返的危机折射，更是儒学、理学等道统与治统思想处于外强中干的衰微窘境的表征。当此危难之际，钱谦益、黄宗羲、顾炎武、王夫之等人为挽救危亡、辩难时世，摒弃理学、转求经学、独辟蹊径、探求实学，反思明亡历史、抨击虚浮学风、高呼学以经世、力倡经世实学，展开了对清廷立为正统的程朱理学的批判性总结，经众多学人一致认同、合力鼓噪而一振颓风，掀起了清初经世思潮首度兴起的盛况。

钱谦益首倡"以汉人为宗主",主张经史结合、学以经世,黄宗羲、顾炎武、王夫之及李颙、费密等积极响应,一时间通经致用之风盛行,尤以黄、顾、王三人贡献最大。

黄宗羲为蕺山学派传人,学宗王阳明、刘宗周而不囿于此,廓王刘之学而大之,主张立足现实,强调顺时而动、弥合学问事功、救国家之急难,著有《明夷待访录》《明儒学案》《明文海》等专著,践行以著述救世,其理论贡献突出表现在对君主专制政权体制的系统批判上。他于顺治十年(1653)撰写《留书》专门探讨治乱之故,抨击积弊,意在复明。《留书》涉及历代政体、兵制、卫所制、党争衍变,几为《明夷待访录》的写作提纲。他在《明夷待访录》中超越时人关注一姓之兴亡的狭隘视域,从君臣与天下的职分关系、法治与人治的区分差异、藏富于民的经济思想三个方面系统地批判了千百年来的君主专制政权体制。一是明确提出"臣之与君,名异而实同"的理念,指出"古者以天下为主,君为客","今也以君为主,天下为客",造成"臣为君而设"的独裁现状,必须使之回归于"为天下""为万民"的轨道;二是明确提出法治主张,指出先秦之法是不"为一己而立"的"无法之法"和"天下之法",秦后之法却是"一家之法"的"非法之法";三是明确提出藏富于民的观点,指出经济发展的"富民"宗旨。黄宗羲的这些思想观念和呐喊呼吁在清初思想界激起强烈反响,应者云集,以致近代改良派也视之为宣传民主主义的工具。

顾炎武是力倡务实新风、开清初学术新风气的另一奇人。他从抨击阳明心学入手批判宋明理学,一是视晚明心学同魏晋玄谈，以为二者同罪；二是斥理学中性与天道之说为禅学；三是否定理学之游谈无根，反对空虚之学，强调资料实证。他以明道救世为旨，建构顾氏实学思想，和合"博学于文"与"行己有耻"为圣人之道，力主经世致用，于经学、古音学、史学、金石学、舆地学、诗文等俱有造诣，《天下郡国利病书》、《肇域志》和《日知录》均为其传世力著。他研究古音学是因为它是"一道德而同风俗者又不敢略"[1]的大事；治经史之学则旨在"引古筹今，亦吾儒经世之用"[2]；涉足金石考古和舆地诗文等学，也都是为了对国家、民族能有所作为。顾炎武对宋明理学的批驳及其务实的经世思想一开后世严谨健实的考据新风，拓宽了清初学术思想的发展路径。而他重资料、重实证的治学风格，尔后更演变成乾嘉汉学的基本方法，开乾嘉汉学之先声。

较之黄宗羲、顾炎武，王夫之的思想体大虑周、尤显博大，这首先源自王夫之对中国传统学术的深刻批判与合理继承。王夫之早年为学，以父兄为师，受阳明后学、东林学派的影响。在激烈动荡的社会现实的洗礼中，他通过对传统学术的批判继承，终于冲决了朱、王学术的网罗，找到了自己的归宿。

王充的《论衡》是中国思想史上的一部大著。在书中，王充以"疾虚妄"的不妥协态度，全面批判了董仲舒的天人感应谬说。王夫之继承了这种批判精神，直斥王学为邪说，他甚至还偏激地把宋、明的灭亡归咎于陆九渊、王阳明之学。王夫之虽然否

---

[1] 顾炎武：《音学玉书序》，载《亭林诗文集·亭林文集》卷二，商务印书馆1936年版，第84页。

[2] 顾炎武：《与人书八》，载《亭林诗文集·亭林文集》卷四，商务印书馆1936年版，第114页。

定王学，但并没有走上由王返朱的途径，而是表彰张载学说，试图据以创辟一条学术新路。

张载的《正蒙》建立的以气为轴心的哲学体系，素为正统理学所不喜。王夫之则为其作注，将张载的思想加以发展和完善，形成了以完整的元气本体论、变化日新的辩证思维和理势合一的历史观为核心的哲学体系。在这博大的思想体系中，王夫之提出了"实有"范畴，丰富了张载的气论，把中国古代的宇宙观推向一个新的层次，成为中国近代实证科学的先导。他的变化日新的辩证思维，则纠正了张载关于物质运动形式的形而上学，对晚清勃兴的近代思维，同样起了不可忽视的启蒙作用。

王夫之对"在势之必然处见理"的历史观的阐述，厚今薄古，立足现实，既是对宋明数百年理学家向往的三代之治的否定，又以其对历史发展趋势的理论探索，为中国古代史的发展作出了意义深远的贡献。不仅如此，他还批判继承了佛老学说来丰富自己的辩证思维。他吸取佛学关于能（主观）与所（客观）的认识范畴，提出了"能必副其所"的正确命题，从而丰富了自己的认识论。他在政治思想上，抨击申韩的暴戾刻核，于老庄思想则有所节取。总之，王夫之的学术思想把对传统文化的批判与创新结合在了一起。

王夫之的为学立足点也是要经世致用。如果说王夫之表彰王充、张载思想，是对传统成功的批判继承，那么他对同时期学者方以智学风的赞许，则是将传统与现实相结合的"向前看"，其意义显然非继承本身所能比拟。方以智倡导"博学积久，待征乃决"的学风，王夫之给予积极评价，称"密翁与其公子为质测之学,诚学思兼致之实功"[1],这是从方法论上对宋明理学的大胆否定。方以智这一学说与顾炎武以经学取代理学的努力、李颙融理学于儒学的倡导不谋而合,同样是清初务实学风的不可分割的一部分。

然而由于时代的局限,王夫之的务实主张并没有超越传统儒学的藩篱。继之而起的乾嘉学者,从他走过的学术道路中所依稀看到的,只是强调"闻见之征"的考据之学罢了。这是对王夫之学术精华的无视和曲解,也是整个清初学术界的历史悲剧。实际上,不特王夫之如此,清初诸儒所倡导的"通经致用"实际上均与清廷巩固统治后的文化高压政策相抵牾,最终导致清初学术思想逐渐趋向博稽经史一途,经世实学思潮衰歇,并在客观上造就和促成了此后考据之学与乾嘉汉学的兴盛。

及至清代中后叶,发生了深刻的经济和政治的变革,尤其是到了晚清,在士大夫阶层"万马齐喑"的沉闷气氛中,纷至沓来的内忧外患更使得一部分思想敏锐、具有社会责任感的中下层士人开始从玄学思辨和古籍考证中抬起头来,把目光转向现实,为社会危机寻找出路,于是传统儒学的"经世致用"思想又受到这些人的重新倡导,嘉道之际,经世思潮和经世之学又在唐鉴、曾国藩、龚自珍、魏源等人的倡导下再度崛起和兴盛起来,成为清初"通经学古""明道救世"实学思潮的延续。

这股新起的经世思潮,因受学术派别的影响,发展衍化为由今文经学和程朱理学分别走向经世道路的两大流派。唐鉴、曾国藩等是以程朱理学经世的代表。他们一面强调理学的"躬行"

---

[1] 王夫之:《搔首问》,载《船山全书》,第十二册,岳麓书社1996年版,第637页。

"践履"等内容,以有益于"世道人心";一面开始注重"经济",研求实政、经世之学。以今文经学经世的以龚自珍、魏源等为代表。他们继承了今文经学派援经议政的学风,以功利主义的眼光,把学术引向"经国济世",开学人议政之风。在这种忧患意识、经世观念和究心实政实学的引导下,当时已日渐严重的西方侵略威胁也引起了这些经世派人士的注意。他们的视野开始由边疆扩及海疆,由时务扩展到"夷务"。

龚自珍早年受乾嘉朴学影响,后来则走上学以救世的道路。他的经世思想首先集中反映在《明良论》和《乙丙之际著议》中。他的《明良论》4篇,喊出了"更法"的时代呼声。他认为,随着社会危机的日益深重,必须仿古法以行之,去"救今日束缚之病"。所谓古法,是讲求廉耻,培养士大夫的正气,破除以资格论人的积习,激发士大夫的生气,解脱对各级官吏的束缚,使之充分发挥积极性。他的《乙丙之际著议》25篇,发出"一祖之法无不敝,千夫之议无不靡,与其赠来者以劲改革,孰若自改革"[1]之问,再次提出了"改革"的主张。其次,援《公羊》以经世。龚自珍治《公羊》是因为其中"变"的倾向与其经世思想相吻合。他少言"大一统",而多援《公羊》"张三世""通三统"诸义以言变革。他讲的"大一统",主要是由据乱到升平再到太平的"三世"变易说,这种历史进化观虽很幼稚,但开假《公羊》以言社会改革风气之先河。

魏源的经世思想主要有三。一是批判乾嘉学风,对于曾经风

---

[1] 龚自珍:《乙丙之际著议第七》,载《龚自珍全集》,第一辑,上海人民出版社1975年版,第6页。

靡一时的乾嘉汉学，魏源痛加抨击，斥为无用之学。与汉、宋学壁垒中人志趣不同，他主张"以经术为治术"，倡导通经致用，进而提出"变古愈尽，便民愈甚"的社会改革论。二是撰写《诗古微》与《书古微》，假经术以谈治术，力倡"以经术为治术"。其《诗古微》从经世需要出发，不拘泥于家传师法，着重阐发深微的《诗》教，以说《诗》为"谏世"之具；其《书古微》发明《尚书》微言大义、贯经术和政事及文章于一体，体现"以经术为治术"的通经致用的精神。三是纂辑《皇朝经世文编》，以"欲识济时之要务，须通当代之典章；欲通当代之典章，必考屡朝之方策"为宗旨，旗帜鲜明地倡导和宣扬经世思潮，该书的辑成，不仅反映了魏源思想的趋于成熟，而且也是清中叶经世思潮崛起的重要标志。另外，魏源还在《海国图志》中提出"师夷长技以制夷"的思想，包括引进西方技术，鼓励学习西洋军事技术，提倡发展民用工业，还介绍了一些西方国家的民主政治制度。他把传统的经世之学从旧时代的安邦治国之道，从整顿盐漕河吏诸政的传统方策，引上了带有近代色彩的新轨道，从而为近代改良主义思想的产生作了铺垫。

三、乾嘉汉学的兴盛

康熙中叶以后，随着国家的统一、社会的安定、经济文化的蓬勃发展，清代学术思想风尚开始由初期的经世思潮转向考据求实，经过颜元与李塨所代表的颜李学派、阎若璩与胡渭的考据学、毛奇龄的经学等的发展，考据学风逐步取代经世学风，在清代酝酿成型。

一是首倡于颜元、大成于李塨的颜李学派，该派以讲求实习、实行、实用的"习行经济"之学为特征。颜元讲求经世致用，以恢复"周礼正学"为己任，主张"学习、躬行、经济，吾儒本业也"[1]，著有《存治》《存性》《存学》《存人》"四存编"，另有《四书正误》《朱子语类评》等，是颜李学派的创始人。李塨早年是颜元的弟子，在颜元去世后继承其事业，著有《大学辨业》《圣经学规纂》等，后受毛奇龄、阎若璩等人经学影响而入考据学门槛，一改颜学经世的特征，"流连三古"、遍注群经。这表明清初经世学风已终结、经史考据之风兴起。

二是阎若璩与胡渭的考据学。阎若璩为考据学开派宗师，著有《古文尚书疏证》《潜邱札记》《四书释地》《困学纪闻三笺》等，尤以其就史籍所载《古文尚书》篇数、郑玄注《古文尚书》篇名，以及《古文尚书》内容、文句等旁征博引，揭出梅赜《古文尚书》为伪作，于经学考据贡献最大。胡渭著有《易图明辨》《禹贡锥指》《洪范正论》《大学翼真》等，尤以《易图明辨》为其考据学代表作，该书系统地批判宋化易学先天象数学，开启清代易学复兴汉易的道路，梁启超称其对易学研究"功不在禹下"。

三是毛奇龄的经学，清初理学盛极而衰，承钱谦益、顾炎武、费密诸大师的经学倡导，经学复兴。毛奇龄治经虽犹存理学旧辙，却认为"汉去古未远，其据词解断，犹得古遗法"[2]，并表彰汉学、崇尚考证，向着回归儒家经典的路径走去。其经学观的根本立足点是对既往的经说进行批判，诸如论《大学》无古今文之殊、辨

---

[1] 颜元：《论开书院讲学》，载《习斋记余》卷六，商务印书馆1936年版，第117页。
[2] 毛奇龄：《易小帖》卷一，载《影印文渊阁四库全书》，第四十一册，台湾商务印书馆1986年版，第556页。

证宋儒"图书"易说之非、论定《太极图》非儒家正传、斥《子夏诗传》《申培诗说》为伪作、考订《周礼》虽非周公作但非伪书等，开启继起者诸多路径。较之清初顾炎武、黄宗羲、王夫之等人治经着眼于通经致用，毛奇龄更着眼于纯学术的考证，其治学之路堪称清初经学演进过程的一个缩影，从中足以见出，由经籍考辨入手对历代学术进行全面总结和整理的时代已经到来。

及至乾隆、嘉庆两朝，无论是经学、史学、语言文字学，还是金石考古、天文历算以及舆地诗文诸学，几乎整个知识界皆为汉代经师所倡导的朴实考据之风所笼罩。学术思想界中这一以考据为学的清代汉学被称为乾嘉学派，因其学风朴实，又有朴学之称。有清一代，乾嘉学派先后经历了形成、汉宋之争、吴皖分野、发展兴盛的过程。

首先是乾嘉学派的形成。从外在环境看，这是清廷统治趋于稳定和大兴文字狱的结果；就内在逻辑讲，清初批判理学思想则是它形成的先导。批判理学思想具有经世致用的宗旨和浓郁法古倾向的双重属性，其双重属性随着清廷文化专制的加剧而发生了地位转换，以法古为特征的朴实考经证史成为主要方面，而经世宗旨则后继乏人，终于在乾嘉时期形成继宋明理学之后的清代汉学，即乾嘉学派。

其次是汉宋学术之争。以为学蹊径而论，乾嘉汉学与宋明理学风格各异，宋学旨在阐发儒家经典所蕴含的义理，而汉学则讲求对经籍章句的考据训诂。在中国古代学术思想史上，起初并无所谓汉、宋学术之分，自清人才开始有此区分。毛奇龄、全祖望、惠栋、戴震等都表彰汉学，力辟宋学；姚鼐、翁方纲，尤其是方东树，开始批判汉学。从此，汉、宋学术形同水火，不共戴天。直到晚清陈澧倡汉宋兼采说，始得持平之论。

再次是乾嘉学派分野，即吴皖分野。乾嘉学派中，惠栋、戴震齐名，因惠栋为江苏苏州人，戴震为安徽休宁人，所以又有吴皖二派之分；另有以焦循、汪中为代表的扬州一派，以全祖望、章学诚为代表的浙东一派等。作为乾嘉学派，他们的共同特点是以训诂治经，离开文字训诂，即无所谓乾嘉学派。惠栋与戴震的学说在乾嘉时期影响甚大，由惠学到戴学，实为乾嘉学派从形成到鼎盛的一个缩影。

最后是乾嘉学派的主要成就。清代学术以经学为中坚，在经学上，乾嘉学派潜心整理，尤称专精，无论是本经疏解还是群经通释都取得了超迈前代的成就。在古代学术史上，文字、音韵学本为经学附庸，乾嘉诸儒治经讲求文字训诂，奉"读九经自考文始，[1] 考文自知音始"为圭臬，终使附庸而"蔚成大国"；校勘、辑佚皆为整理古籍的基本手段，乾嘉诸儒在经学方面对两汉经师、经说的表彰，史学方面对魏晋六朝及宋元散佚著作的辑录，尤其是在子学方面对先秦子书及有关古籍的整理，其成就皆为历代学者所不及。乾嘉学派治史，精力皆放在古代史籍的整理上，或校勘其讹误，或订正其史实，或补辑其遗阙，或整齐其故事，引古以筹今。

---

[1] 顾炎武：《答李子德书》，载《亭林诗文集·亭林文集》卷四，商务印书馆1936年版，第108页。

第三章 中华美学现代转型动力

中华传统美学现代转型肇始于明清之际，并以自己的节奏缓缓推进。入清以后，尤其是晚清以降，因西力东侵、西学东渐，受近代中国社会变迁和文化转型深刻影响，中华传统美学现代转型陡然开始加速。以今视昔，不难看出，中华传统美学现代转型发生之由主要有二：外源动因和内驱动因，而尤以外源动因为主。所谓外源动因，实指由西力东侵所诱发的东西冲突、社会变迁，因西学东渐所诱发的夷夏之辨、文化转型，由新旧角力所导致的革故鼎新、思想转向，因古今巨变所导致的承继创新、学术转型。所谓内驱动因，实指因时代变迁所致的中华传统美学的研究主体、研究对象、研究方法、学术话语等学科建构需求。简言之，中华传统美学现代转型的发生，其外因主要有四：一是社会变迁，二是文化转型，三是思想转向，四是学术转型；其内因主要有四：一是主体变化，二是客体变化，三是方法变化，四是话语变化。质言之，处于近代中国社会变迁和文化转型的特定历史时期和阔阔时代背景之下，深陷于传统与现代、中国与西方的两难选择的双重危机挑战境况之中，中华传统美学现代转型的历史任务被打上了深深的时代烙印，直接指向启蒙与救亡、盲从与自觉、自强与自立、革故与鼎新的世纪主旨。

　　清代是中国学术、中华传统美学的集大成时期。清代美学思想与审美意识在其涵括的意象类型、叙事模式、思维特征、审美走向等诸多元素的嬗递演进历程中所展现的，是乱中经世、稳中求实、衰中变革等历史变迁的纵向轨迹，是包孕朝野之别、雅俗之变、南北之交、中西之会等多元内涵的横向特质，是蕴涵着变革的、动态的清代社会生活场景和充满着活力、洋溢着激情的时代审美场域：纲常礼教日渐式微，理性人文盎然兴起；破理学经典之权威，倡人性自由之追求；集传统文化之大成，孕近代理念之先声。可以说，清代不仅是中国古代审美意识与美学思想的集成总结期，也是中华古代审美意识向近现代审美意识演进、中华传统美学走向近现代美学的重要转型期，更是中国近代各类审美意识与美学思想的集中迸发期。

一方面，清兵入关、定鼎中原之后，统治者在政治、文化和思想等方面承续了明代，这使清代美学思想与审美意识在某种程度上保持了继续发展的势头；另一方面，清廷统治的建立以及其后推行的保守政策，又使晚明时期在审美领域所产生的一些新质被斩断，并重新回归到此前的范围之内，小说诗文、戏曲戏剧、书画艺术、园林建筑、工艺器物、日常生活等文艺和文化领域，无不体现出复古倾向，逐渐向雅致、繁缛、俗艳和精细的方向发展，在复古中走向了新阶段，并与时人的日常生活相与为一。

值得注意的是，在这种历史背景之下，以小说、诗文、戏曲为代表的文学艺术形式发生了重大变化，受众面扩大，成为人们反思历史、表达思想的重要的艺术载体；书画领域也逐渐形成了一种以怪诞奇崛为美的美学追求，同时也孕育着一种似淡实浓、绵长悠远的感伤情绪；园林、器物等文化艺术形式也出现了由宫廷向民间、由典雅向世俗的转向。这些特点与思想领域中的新发展是相互呼应的。

此外，在入关之前，满族人对汉族文明已高度认同，渐有汉化趋势，汉民族的美学思想与审美意识也逐渐渗透到满族人的日常生活之中；成为中国新一代的统治者之后，满汉等民族之间的美学思想与审美意识的交流和融合进入新阶段，这使清代美学思想与审美意识进入多样化的发展阶段。

1840年鸦片战争之后，随着国门的被迫打开，传统美学思想与古典审美意识也发生了剧变，摄像、电影、戏剧、舞蹈等西方近现代艺术进入中国，中国相关的艺术形式发生了巨大变化，清代美学思想与审美意识的发展由此进入一个新的历史阶段，并开启了传统美学思想与古典审美意识进入近代阶段的大门。

与晚明时期美学思想与审美意识领域出现的新动向相比，清代遗存的审美意识的多样性变化相对缺乏内部力量的支持，客观历史环境等外部力量在其发展过程中的作用较大，因而也就使传统美学思想与古典审美意识在外部因素的刺激下发生某种程度的突变乃至变异，这一点至今仍在产生影响。

诚然，在漫长的中国传统美学史中，清代美学思想与审美意识的变革是缓慢的，清代美学思想与审美意识的演进是凝重的，但清代美学思想与审美意识并未止步不前，仍然充满着希望，并为后世的社会变革和现代化的全面起步奠定了原始而不可或缺的民族思维基础，其嬗变轨迹所呈现出的正是华夏民族历史所独有的缓慢而持续、深沉却稳健的姿态。

从本质上讲，人的审美观念、美学思想源自物质生产、社会活动、日常生活，并回归社会、回归生活，影响和改变生产方式和社会生活。人类的物质生活、政治环境、生活方式在不同历史时期均存在巨大的差异，这就使得审美意识的嬗变和传统美学的转型不仅成为可能，而且成为必然。清人凌廷勘曾谓："……天地之气,一废一兴,一盛一衰,学术之变迁亦若斯而已矣。"[1]凌氏此言虽专论学术,但于中国古代社会、文化乃至清代美学思想与审美意识的变迁和传统美学的转型而言,同样适用。从历史的纵向粗略考察可知,清代美学思想与审美意识经历了初期的乱中经世、中期的稳中求实、晚期的衰中变革三大变迁,这一嬗递演进历程深刻地影响着时人的思维和行为方式,加速了中华传统美学向近现代跨越式转型的历史进程。

第一节　内驱动因:传统惯性

清代美学思想与审美意识在对中华传统美学的集大成式继承、融通之中,逐步在文艺创作审美实践、学术思潮、典籍文化诸方面做好了现代转型前的准备工作。

一、审美实践

作为清代美学思想与审美意识的重要载体和有效媒介,清代文学艺术的繁荣昌盛源自对中国文艺传统的集大成式继承。

清代小说、戏曲、书法、绘画等丰富多元的文艺遗存所达到的艺术成就与所承载的审美意识,均建立在对中国古代传统的意象类型、法度程式、叙事模式、思维方式等诸多元素的历史梳理、全面总结与经验承继的基础之上。

小说是清代最具成就的文学样式,清代小说上承晚明余绪,

---

[1] 凌廷堪:《辨学》,载凌廷堪著,王文锦点校《校礼堂文集》卷四,中华书局1998年版,第33页。

下开近代先河，中历封建帝国最后的盛世，跨度甚大、波澜起伏，审美意识变迁轨迹鲜明且嬗变影响因子丰富，堪称清代审美意识史研究中最富含金量的研究对象之一。以《红楼梦》《聊斋志异》《儒林外史》为代表的经典作品，思想性和艺术性完美结合，在意象创构、叙事模式、思维方式等审美意识开掘上各擅胜场，并达到中国古典小说史的巅峰，堪称清代审美意识最为集中的呈现载体。其中，《红楼梦》熔诗词、戏曲、绘画、园林、建筑、医药、饮食、茶道、服饰、年节、礼俗、佛道、巫术等各种文化、文艺形式为一炉，集传统文化之大成，体现出鲜明的融通特色，被誉为中国传统社会、传统文化的"百科全书"；《聊斋志异》则在艺术手法上构思巧妙，情节曲折、人物活脱，吸纳各种传统文艺形式，且其遣词造句随处可见《诗经》、《楚辞》、《左传》、诸子百家、汉赋、唐宋诗文、古代小说、戏曲、野史杂著之影响，也体现出的融通特色；《儒林外史》更继承和发扬了自《诗经》以来的美刺思想所依赖的批判现实主义传统，代表了中国古典文化讽刺艺术的最高水平，奠定了我国讽刺小说的基石。可见，清代小说是中国古典小说的高峰，前代小说美学思想与审美意识在这一历史时期有着集中体现或映射，研究清代小说美学思想与审美意识不仅能够揭示这一历史时期特有的小说美学思想与审美意识，还有利于理解整个中国古代小说的美学思想与审美意识。

戏曲是清代俗文学发展的缩影，更是唐宋以降诗歌俗化、民化、活化发展的重大结晶。清代戏曲根植于五千年中华文明之上，是具备华夏民族思维特质的宝贵精神财富和代表性艺术形式之一。清代国家统一，经济繁荣，戏曲艺术获得长足发展，到乾隆时期，戏曲、杂技、评书、弹词、鼓儿词、打盏儿、音乐、舞蹈等一应俱全。嗣后，地方百戏兴起，京剧形成。北京剧坛荟萃了"南昆、北弋、东柳、西梆"各大剧种，各地声腔融合形成黄梅、越剧、豫剧、川剧等种类。戏曲创作尤以南洪北孔的《长生殿》《桃花扇》为标志，承载着彼时多层、多元的审美意识。清代戏曲先后从百戏、乐府、舞蹈、诗词、杂剧中承继了优秀传统，汲取了丰富养分，由诗而词、由词而曲，形式一变而再变，循着"渐近人情"而沿波讨源，不断世俗化，逐步形成蔚为大观的声势与规模。清代戏曲的发展不仅足以表明中国戏曲的悠久历史，亦昭示着中国戏曲对传统的广泛承继。在漫长而复杂的朝代更迭、社会演进与人文思潮背景下，清代戏曲全面承继了综合性、虚拟性、程式化等历经千年积淀的中华戏曲审美原则和精华，着重强化了重演轻戏、写意重内、重古轻今、程式守矩等一系列独树一帜的审美诉求与理念方式，呈现出通俗化、娱乐化、多元化的时代风尚和表现形态，承载着由雅向俗、由情向礼、由虚向实、由文向质等时代风气与社会思潮的基本精神趋向，迎来了中国古典戏曲发展的又一个巅峰。可见，清代戏曲的审美转向是在全面总结、系统强化中国古典戏曲传统基础上的新发展。

书法在清代发展到极致，相对于唐以后崇尚临帖的千年帖学，清代书坛另辟蹊径，崇尚临碑的碑学异军突起、多有建树，出现篆、隶、真、行、草五体兼备，碑帖双峰并峙的盛况。通览清代书法史，不难发现，在貌似两分的清代书学发展历程中，还有着与帖碑相异的其他成就。

书体发展方面，篆、隶、真、行、草五体书法俱有书家承袭创作。抛开成为清代书法短板和薄弱环节的草书不论，单就篆隶两体在清代所取得的书学成就而言，隶书大家郑簠、桂馥、黄易、陈洪绶、伊秉绶等，篆书大家杨沂孙、钱坫、李瑞清等，均负盛名，其篆隶书作直接秦汉，水平之高、名家之多，足以弥补唐宋以来的不足。

书论研究方面亦成果斐然，傅山《字训》、王澍《论书剩语》、冯班《钝吟书要》、笪重光《书筏》、宋曹《书法约言》、梁巘《承晋斋积闻录》《评书帖》、梁同书《频罗庵论书》、梁章钜《学字》、吴德旋《初月楼论书随笔》、朱履贞《书学捷要》、钱泳《书学》、阮元《南北书派论》《北碑南帖论》、包世臣《艺舟双楫》《安吴论书》、刘熙载《书概》、周星莲《临池管见》、朱和羹《临池心解》、康有为《广艺舟双楫》等相继问世，这些书论著作在大量富于新创精神的书法创作实践基础上，对古代书法的品格、形象、神采、情性、气质、灵感、意境、书风、用笔、结体、布局、墨韵、通变、教化等各个方面展开了深入研究。

此外，王铎、傅山等晚明遗民继续浸淫浪漫主义书风，善画书家新创书风、持续探索，职业书家雅俗相交的书风逐渐兴起……

书家之众、书作之盛、书风之广、书论之深，凡斯种种，无不呈现出一派勃勃生机，昭示着有清一代书道中兴的恢宏气象，蕴藉着清代不同时期书法的迥然相异的审美意识。

拨云见日，则可在有清一代晚明遗民书家书作、前中期善画书家书作、前中期帖学书家书作、中晚期碑学书家书作所营造的勃勃生机和恢弘气象下，发掘出一条由尚真求趣之浪漫情怀到尚怪求变之书学精神，经尚雅求正之正统传承再到尚质求朴之取法变革的轨迹，而其间一以贯之的则是中和为美的书学基调。这一潜藏于大量书法创作实践和丰厚理论研究成果之下的清代书法审美意识演变史，实为一部清代书家、书论家对中国传统书法艺术精华的集大成式继承与发扬史。

清代堪称中国古代绘画史上的集大成时期，清代绘画尤其是山水画与花鸟画均在对前代画学成就的承传与发扬中攀上了北宋以降的又一个高峰。清初画坛派别林立、名家辈出，既有复古严谨的四王，又有啸傲山林的四僧，也有积墨为法的金陵八家。四王承袭董其昌影响，技法功力深厚，并因王公大臣甚至皇帝赏识而受到大多数士人的垂青，被目为官方正统，统治着画坛。王时敏的山水画迹引领着清初山水画艺的主流趣尚，成就了清初山水画的高峰，他以丰富经典的山水画作、多元旨趣的意象符号、渊源有自的笔墨技法、典雅和正的审美特征和观念高踞山水画坛之首，堪称中国古代山水画的集大成者。其画迹遗存在思维基质、创作构思、作品呈现、精神传承诸方面均深具清廷官方特质，或显在于画迹图像中，或潜藏于其审美意识中，左右着清初绘画的本体发展进程、主体心理结构、时代风尚播迁和传统精神取向。清代花鸟画亦臻于高峰，工笔重彩、水墨写意均不乏大家，尤以恽寿平最为突出，他承前启后地创出别开生面的没骨花卉，于明清之际的花鸟画坛实有"起衰之功"，引领着清代花卉画艺的主流趣尚，其影响笼罩清代始末。借由恽寿平经典画作、独特技法和意情简逸的审美观念，即可窥见其在花卉创作中的匠心和逸趣，更可准确把握清代写生正统画派的审美基调。

二、学术思潮

作为清代美学思想与审美意识的思想渊源和思维基础，清代学术思潮的高峰迭现源自对中国学术传统的集大成式继承。

清代小说、戏曲、书法、绘画等丰富多元的文艺遗存所达到的艺术成就与所承载的美学思想与审美意识，是与清初顾炎武、黄宗羲、王夫之、颜元、阎若璩、胡渭、毛奇龄和清中叶惠栋、袁枚、戴震、阮元及晚清沈垚、龚自珍、魏源等学者和思想家对整个中国古代思想一脉相承、各有取舍的系统历史总结和继承密不可分的。

经世致用的进步思潮由清初三大家顾炎武、黄宗羲、王夫之所高倡，唐甄、傅山、陈确等著名学者所鼓噪，是清代审美意识转向的思想动因。其核心内容有四：一是在政治上对专制皇权的批判，二是在学问上对经世致用实学的倡导，三是在哲学上对朴素唯物主义的继承和发展，四是在伦理学上对"存天理，灭人欲"的批判。

不仅如此，他们还在学术上首开考据学先河，倡导以提倡经世致用学风为主的理学批判和以实事求是的考证方法治学。其中，经世致用学风以颜李学派为代表，此派于彼时理学独尊的时势下独树一帜地继承和发扬了清初进步思想家经世致用学风尤显难能可贵，及至李塨将精力转向编注群经方才消歇；考据学风以阎若璩、胡渭、毛奇龄为代表，阎若璩以考订伪书《古文尚书》而被尊为清代考据学的开山宗师，胡渭以系统批判宋代易学先天象数学，在疑古、辨伪上厥功至伟，毛奇龄更以考证表彰汉学、全面批判既往经学学说，为后世学者开拓了学术研究的诸多路径。

当然，同为治学，顾炎武、黄宗羲、王夫之等人着眼于通经致用，而阎若璩、胡渭、毛奇龄等人则由经世而转为避世，着眼于由经籍考辨入手的纯学术考证。阎若璩、胡渭、毛奇龄等人代表了彼时学术发展的主流倾向，标志着由考辨入手对古代学术进行全面总结和整理的时代已经到来。

清中叶，随着清廷统治的鼎盛，朴实考据的汉学取代空言心性的理学，获得当时学者的追崇和清廷的优容和提倡，考据学风最终主宰了清代学术界，汉学取代理学成为清代官方学术。乾嘉两朝，经学、史学、语言文字学、金石考古学、天文历算学、舆地诗文等各学术分野几乎全部笼罩于汉代经学所倡导的朴实考据学风之下，朴学得以形成和发展，尤以惠栋、戴震、阮元、焦循、汪中、全祖望、章学诚诸人为代表的吴派、皖派、扬州派、浙东派为代表。

阎若璩、胡渭、毛奇龄诸家之后，惠栋首张汉学大旗，欲以讲求对儒家经典章句作训诂、考据的汉学与旨在阐发儒家经典所蕴含义理的宋明理学一争高下、一较长短。此举得到以乾隆为首的清廷的认同和优遇，清廷借编纂《四库全书》之机延揽大批汉学人才整理研究古代典籍，促成举国上下齐心协力共襄古代传统文化整理的盛况，为彼时集大成式继承古代传统奠定了坚实的基础。惠栋以外，吴派尚有江声、王鸣盛、钱大昕等知名学者，然钱大昕之外皆有嗜博、泥古、佞汉之弊，曾引发梁任公"凡古必真,凡汉皆好"[1]之讥。戴震、段玉裁、王念孙、王引之等皖派学者则倡导训诂以明义理的新学风,强调训诂、考据与义理的结合,纠正了吴派泥古佞汉之弊,被梁任公视为真正的清代学术。戴震更集古代音韵学之大成,注重由声音探求字义,并以天文、算法、史地、水利诸多方面的成就成为一代学术发展高峰的标杆。阮元、焦循、汪中等扬州派学者则多求文字音韵之学,成为清代汉学高峰之余绪,又承接其衰落之势,成为传统学术走向近代的转折点。

降及清朝中晚期,在文化专制的高压政策之下、汉学日趋兴盛之时,学术界出现了涵括今文经学复兴、边疆史地学发轫、经世务实治世主张风行等内涵的新的经世思潮。其中,今文经学复兴远接西汉古文经学与今文经学之争,渊源久远。

西汉今文经学以"微言大义"的阐扬,结合阴阳五行灾异和刑名学说,以天人感应、三纲五常提倡大一统,以尊君抑臣、"正名分"论证君主专制的合理性,赢得统治者支持和"罢黜百家,独尊儒术"的地位;东汉迄唐,古文经学随着学术风气和政治形势的变化转而取得优势地位;宋明理学则一反古文经学之重训诂而重阐发经书义理,被尊为正统官学,却又因走向反面、空疏无用,盛极而衰,为清代乾嘉学派取代。前述乾嘉学派实为清代的古文经学派,经过乾嘉学派的鼓噪,古文经学在清中叶达到鼎盛。

与之同时,庄存与、刘逢禄等学者在乾嘉古文经学极盛之时

---

[1] 梁启超:《清代学术概论》,上海古籍出版社1998年版,第31页。

便积极酝酿着今文经学的复兴。庄存与由汉学入手，学贯群经，并接纳了部分宋学观点，他摒弃汉宋之争，突破汉宋之别，既除汉学为术之浅近，又弃宋学之不审是非，主张"研经求实用""独得先圣微言大义于语言文字之外"[1]。刘逢禄继承家学，精研公羊之学，借《春秋》微言大义阐发经世变革思想，使今文经学异军突起、重彰大义，成为后世文人经世变革的有力思想武器。

嘉道年间，魏源、龚自珍、康有为等学者力倡今文经学、主张变法，今文经学始得复兴。无论是"我注六经"的古文经学还是"六经注我"的今文经学，均为对中国古典学术传统的集大成式总结继承，共同促成了社会哲学、政治哲学、文字学、考古学等中国古代传统文化的兴旺发达。

边疆史地学发轫涵括边疆纪闻与边疆史地研究论著，与清王朝百年征战一统全国和有效管辖边疆民族息息相关，尤以纪昀、洪亮吉等派驻或谪戍边疆的文人与祁韵士、松筠等人所著边疆诗词和《钦定外藩蒙古回部王公表传》《卫藏通志》《新疆识略》《西陲要略》等文献为代表性成果。此学之发轫和形成均基于对前代边疆地理、物产、风土、人情、自然景象、边地联系记载和研究成果的集大成式继承，并成为彼时经世思潮的重要组成部分，为后世蓬勃发展的边疆学研究奠定了基础。

经世务实治世主张风行，尤以洪亮吉、包世臣、魏源、龚自珍诸人的创见为代表。洪亮吉在传统范畴内对人口问题的思考，

---

[1] 徐世昌：《清儒学案》卷七三，中国书店2013年版，第1271页。

代表了当时先进的中国人对中国古代人口学说所作的突出贡献；包世臣留心经世、勤于军政、名满江淮，其思想与学术均迥异于乾嘉以降的学人，开嘉道新兴经世文派"言事之文""记事之文"之风；魏源编《皇朝经世文编》，著《圣武记》《海国图志》，俱为言学、言治、言兵的经世佳篇，朴实晓畅、犀利严整、影响巨大；龚自珍学近魏源，主张文与政通。洪、包、魏、龚等人的观点、言论虽俱从实际、实践出发，但其思想、主张无一不出自其深厚的古代传统学术思想根基和修齐治平的传统人文精神修养，堪称对中国古代知识分子兼济天下观念的传承和发扬。

综上，前述清代学界诸派的发展和精髓，无一例外地建立在对中国古代学术传统的集大成式继承基础之上。

三、典籍文化

作为清代美学思想与审美意识的文化奠基和集中呈现，清代典籍整理的巨大成就源自对中国传统文化的集大成式继承。

清代小说、戏曲、书法、绘画等丰富多元的文艺遗存所达到的艺术成就与其所承载的美学思想与审美意识，是建立在对传统文化进行全面整理与总结的自觉意识和以国家层面的编纂行动为标志的集大成式继承传统文化的基础之上的，后者包括康熙朝对《古今图书集成》、乾隆朝对《四库全书》等百科全书式典籍及历史、文艺、工具书、药学植物学、历象数理学等各类总结性书籍的组织编写。清帝对内廷修书极为重视，仅以故宫所藏而论，清代内廷抄书除《四库全书》《四库全书荟要》《大藏经》外，尚有四类：一为历朝实录、玉牒；二为专供皇帝阅览、赏玩或携带之便而精写刊刻的各号各式卷册，其中不乏名臣于敏中、刘墉、曹文植等人手迹；三为臣工奉敕精写佛经；四为升平署剧本。

　　清帝尤重典籍编纂等文化盛事，表现在三个方面。一是设立专门部门。康熙年间，开设书局于武英殿，纂辑、刊刻经史子集，乾隆以后，更专司刊校而不废。乾隆三十七年（1772），设置四库全书馆，命永瑢、纪昀总裁其事，历十年成书，均以馆阁体书法抄写。二是人员选录高配。出于对修书的重视，清廷对誊录官的挑选极为谨慎，誊录官来源多样，既有来自内阁的中书、笔帖式等，也有从举监招考充任的，还有从会试落榜中择取充任的。如康熙四十四年（1705）开始遴选《起居注》与《清实录》的誊录人员，有时皇帝还亲加考试。善书者虽不能入仕，亦有一席之地以效其能。此外，不仅所开笔润优厚，还对包括誊录在内的修书人员给予入仕出路，且叙议一向从优。三是缮写要求严格，对修书过程中的缮写错误也严惩不贷。上述举措的实施，均体现了清帝、清廷对古代传统文化全面整理和总结的自觉意识，使得清代文化事业极为兴盛，武英殿所刊康版书籍为海内所重、天下所贵，也反映了清代文化的巨大成就。

　　以《古今图书集成》的编纂而论，是书由清廷耗时二三十年修成出版，共1万卷、1.6亿字，是中国历史上保存至今最为完整的一部类书。《古今图书集成》分为历象、方舆、明伦、博物、理学、经济六编，编下分典，典下分部，分类摘编先秦至康熙朝的大量文献，是中国古代存留至今的最大的百科全书。

　　以《四库全书》的编纂而论，是书由清廷耗时10年修成抄出，共近8万卷、8亿字，分经史子集四部，收入先秦至乾隆朝的各类图书 3460 余种，是中国历史乃至世界历史上最大的一部丛书。《四库全书》第一次全面整理和抄录了中国古代各种典籍，内容浩瀚，包罗万象，成为中国传统文化的文献总汇。

作为对古代传统文化的全面整理和总结，《古今图书集成》《四库全书》只是清代官修类书与丛书的典型代表，其他官修私修、规模或大或小、内容或全或专的类书与丛书还有许多，形成了蔚为大观的修纂时风。

譬如类书，仅《清史稿·艺文志》及其补编即收入类书目录146 种，官修类书以乾隆时农书《授时通考》为代表，私修类书以陆耀《切问斋文钞》、魏源《皇朝经世文编》等为代表，清末更有《皇朝经世文编续编》《皇朝经世文三编》《皇朝经世文四编》《皇朝经世文五编》《皇朝经世文新编》《皇朝经世文新编续编》《皇朝经世文统编》《皇朝经世文新编时务续编》等十余种体例相近的经世文编。

再如丛书，大型全面丛书有《学海类编》《昭代丛书》《知不足斋丛书》《抱经堂丛书》《粤雅堂丛书》等，专门丛书则有经学领域的纳兰性德《通志堂经解》、阮元《皇清经解》、王先谦《皇清经解续编》等，史地学领域的王锡祺《小方壶斋舆地丛钞》《补编》《再补编》等。

清代还继承了我国古代盛世修史的传统，纂修了大量史书，成为历史上史书出版最多的朝代。史学的兴盛最为直接地说明了清代文化总结意识的大大强化。清代修史的成就集中体现在对前代历史的纂修与研究，本朝历史纂修，方志纂修与边疆史地学、世界史地学，史学理论等四大方面。

一是对前代历史的纂修与研究。清廷初享国祚时便谨遵隔代修史传统，特开明史馆，组织众多著名学者，历康雍乾三朝数十年光景，官修明史，完成较高质量的明朝正史；私人撰著的明史则数量更多、内容更丰富，如谈迁《国榷》、夏燮《明通鉴》、查继佐《罪惟录》、谷应泰《明史纪事本末》、吴伟业《绥寇纪略》、计六奇《明季北略》等；明前史纂修则有徐乾学、万斯同、阎若璩等《资治通鉴后编》、毕沅《续资治通鉴》、辽夏金元专史、各种纪事本末等；典章制度则有《续通志》《续通典》《续文献通考》《清通志》《清通典》《清文献通考》等问世。纂修之外，尚有以万斯同、钱大昕等为代表的学者对前人所著史籍展开广泛的增补辑佚与考订，另有王夫之《读通鉴论》与赵翼《廿二史札记》等前代史学研究名著。

二是本朝历史纂修，分官修、私修两种。前者内容广泛，数量庞大，分四类：一类是以专门机构、专门人员和相应制度作保障的皇帝起居注、实录、圣训、谕旨；二类是会典、则例、志书、方略等各类政书，其中，会典记载国家各政务机构行政规章、实行事例，则例记载户部、理藩院等政务机关行政细则，志书记载赋役、漕运、盐法、律例等政务机构政策制度，方略记载重大战事；三类是设国史馆按正规纪传体体例纂修本朝史，修已故皇帝本纪，为已故大臣修传及年表；四类是开八旗通志馆专修八旗专史。后者更加兴盛，尤以李元度《国朝先正事略》、阮元《畴人传》、李桓《国朝耆献类徵初编》、唐鉴《国朝学案小识》、江藩《国朝汉学师承记》、钱仪吉《碑传集》、魏源《圣武记》、王之春《国朝柔远记》、朱寿朋《光绪朝东华录》等最为著名。

官私并修共同促成了清代本朝史纂修的繁荣。

三是方志纂修与边疆史地学、世界史地学的兴盛与发展。清代是纂修方志的鼎盛时期，据《中国地方志联合目录》所载，现存民国前所修方志8200余种中清人所修占七成，达5680种之多，足见彼时方志纂修之兴盛。清修方志种类繁多，既有国家级的《大清一统志》，又有省级通志，还有府、州、厅、县、乡土、里镇诸志，更有记载山川、寺庙、名胜的山志，所涉内容遍及地方历史、地理、政治、经济、军事、民俗、人物、文化、事件等方面。清代边疆史地学的发展前已述及，此外尚有张穆《蒙古游牧记》、何秋涛《朔方备乘》等边疆史地学名著和卢坤、邓廷桢《广东海防汇览》、俞昌会《海防辑要》、姚文栋《东北边防论》等边防史地著作。清代世界史地学的发展，起于前中期，有《异域录》《安南杂记》《缅事述略》《海录》《英吉利记》《英吉利国夷情纪略》等外国史地研究的代表性著作；盛于清后期，先有魏源、徐继畬等经世学派学者所撰《海国图志》《瀛环志略》等向国人详尽介绍世界各国地理历史的影响巨大的世界史地著作，继有王韬《法国志略》、黄遵宪《日本国志》、沈敦和《英法俄德四国志略》、曾纪泽《出使英法日记》、薛福成《出使英法义比四国日记》、崔国因《出使美日秘日记》、李圭《环游地球新录》、傅云龙《游历美利加图经》《游历日本图经》等国别史、外交官出使随笔游记和《各国政艺通考》《万国近政考略》等综合介绍世界各国政治、经济、军事、宗教情况的史地文献汇编。

四是史学理论，尤以章学诚、梁启超等史学理论大家的研究为代表。章学诚治学略别于彼时考据之风，其于史学理论的贡献突出，主要体现在主张以史学纠正汉学考据积弊、力倡"六经皆史"的独到史识与对传统史学的继往开来的开创性总结两个方面。梁启超力倡新史学，提出"史学革命"口号，批判传统史学为帝王作家谱、为尊者讳、"史外无学"、春秋笔法、空疏无用、晦涩难懂之弊，奠定涵括宗旨、内容、学科分野、研究与纂修方法、读者对象的新史学框架，其史学理论与思想整整影响了一代治史学人，对中国近代新史学的建立起到了开创性作用。

上述类书、丛书、史学之外，清人还于文艺、工具书、药学植物学、历象数理学等方面编纂了大量具有总结性意义的重要书籍。其中，文艺类有《古文渊鉴》《御定全唐诗》《御定全金诗》《御定四朝诗》《御定佩文斋咏物诗选》《历代题画诗》《佩文斋书画谱》《三希堂法帖》《律吕正义》《律吕续编》《律吕后编》等；工具书类有《康熙字典》《五体清文鉴》《佩文韵府》《骈字类编》《子史精华》《词谱》《曲谱》等；药学植物学类有《本草纲目拾遗》《植物名实图考》《广群芳谱》等；历象数理学类有《历象考成》《数理精蕴》《月令辑要》等。据郭成康、黄爱平、张研、牛贯杰等学者对《四库全书》与法国《百科全书》所做比对可知，《四库全书》堪称中华传统文化最丰富、最完备的集成之作，也是中国与世界文明史上最宏伟、最博大的宝藏之一。进一步讲，以《四库全书》为代表的清代对古代传统文化典籍的集大成式继承和总结，无论在编纂主体、时间、形式、规模、宗旨、着眼点上，还是在内容与分类、分类方法、编纂方法、侧重学科、标准、社会影响上，均取得了举世瞩目的卓越成就。

清代文化的巨大成就不仅体现在保存大量古籍，使得中国文、史、哲、理、工、医等几乎所有传统学科都能够从中找到源头和血脉，所有新兴学科都能从中找到生存发展的土壤和营养，从而成为中国古代传统文化的一次重要的全面总结，对弘扬民族文化作出了杰出贡献；也体现在古籍整理方法上，尤其是在辑佚、校勘、目录学、汇刻丛书等方面给后世留下了宝贵的文化遗产；更体现在中华美学的研究上，清代的审美意识有着独特的重要意义。

综上，"融通"堪称清代美学思想与审美意识嬗变的重要特征。这一重要特征源出有四：

一是涵括小说、戏曲、书法、绘画等文学艺术的古代中国传统文化，迄至清代才得以最终完成，并因西方文化的强行介入和本国革命的烽烟四起而趋于终结，处于旧的古典文明与新的近代文明的接榫处，这就使得唯有清代才真正具有"融通"的资格和条件。

二是明清易代在传统汉人本位文化思想中属于以夷代汉的异族统治，清廷曾因初期蔑视汉族文化传统和生活习俗而激起汉人强烈反抗。出于巩固政权、强化统治的需求，清廷迫切期待汉人体认其文治功业和承接正朔的合法性，便一面承明余绪、因势利导、崇儒重理，文举钱大昕、艺奉四王，树正统、立楷模，高倡集大成的创作方式；一面密植文网、开科纳士，促成朴学、金石学、碑学和通俗文学的兴盛。加之西方文化随列强侵华而强势入侵，"融通"更成为保卫民族传统、标举爱国主义的旗帜，广受朝野推崇。

三是文化艺术的创造发展历来以温故知新为基点和起点，迄至清代，涵括小说、戏曲、书法、绘画等内容的中国传统文化历经数千年发展，已在意象创构、叙事模式、法度程式、思维方式乃至语汇范式、制作技艺等诸多方面积累了空前的丰富经验和优秀成果，"融通"无疑是作家、曲家、书家、画家等创造主体破门而入、窥其堂奥、融会贯通、自出机杼的最佳选择。

四是由于文化艺术发展至清代已逾千载，诸多门类品种、题材样式、风格流派已于前代臻至巅峰，几无逾越可能，另辟蹊径的可能极小且极难，因此，在美学思想与审美意识的古今转型完成之前，清代创造主体唯有以"融通"为目的，于既有的有限格局中去整理、总结、综合、演绎前人已铸就的传统文化硕果，以期有所斩获、超越前人。

第二节 外源动因：中西冲突

清代是中国传统社会从繁荣逐步走向衰落的重要时期，也是中国传统社会由古代向近代转型的关键时期。在这一时期，空前统一的强大的中央集权多民族国家逐渐形成，传统社会经济达到鼎盛，尤以康乾盛世为代表时期。作为以汉民族为主体的多民族王朝，清代蒙、藏、回、维等诸多兄弟民族的文化均备受重视，得到长足发展，实现空前繁荣；在各民族文化交汇融合发展的历史文化背景下，不同民族的文学艺术形态相互跨越、相互趋近，成为传统文学艺术新变和审美意识转型的一大契机。鸦片战争前的近二百年间，清代政治、经济、文化、民族、宗教、军事及外交诸多方面取得颇多建树，这不仅影响着近现代中国的发展，更左右着彼时的审美意识变迁。

自道光朝起,列强的坚船利炮打开了中国门户,中国由封建社会沦为内外交困的半殖民地半封建社会。随着新的经济因素的成长和发展,西方文化强势介入,中西文化在冲突中不断融合,晚清社会显露出显著的中西冲撞、古今转型的复杂情状。在这样的形势下,清代城市市民阶层、农村底层百姓的生活、生存环境也面临着千古未遇之变局的大震荡,清代小说家、戏曲家、书法家、画家等文学艺术家们的生存、创作条件发生了旷世未有的剧变,整个社会的美学思想与审美意识嬗变开始与反帝反封建的革命局势和民族危亡之际的时代精神密切相关,时人亦开始从早期鄙夷西法,至多以猎奇心理认为"参用一二,亦其醒法"[1],到后期"中学为体,西学为用",共同勾画出传统文学艺术革命性的跨越蓝图,造成了清代美学思想与审美意识向近现代趋近、跨越的更重大的新变契机。传统文学艺术形态之外,西方文学艺术形态大量涌入,并因其与政局民生或商业经营的密切关系和对现代传媒或技术手段的运用,较之传统文学艺术形态更加深入人心,也拥有更多的读者或观众。随着西学的兴起,对外派遣留学生和实行学校教育制相辅并行,更加速了传统文学艺术形态向近代文学艺术形态的转型,也使得清代美学思想与审美意识呈现出迥异于前代的跨越式转型的独特风貌。

若说转型是清代美学思想与审美意识至关重要的标识,那么跨越则是对其转型的跨度与强度、深度与广度的最佳概括。交流

---

[1] 邹一桂:《小山画谱》卷下,商务印书馆1937年版,第43页。

是实现跨越的基本前提。总体来看，清代美学思想与审美意识的跨越式转型既源自传统中国的内部交流，又源自中西审美的外部交流。仅以文学艺术观之，清代文学艺术的交流之错综复杂、丰富多彩超出此前任一朝代，既有小说、戏曲、诗文、书法、绘画、园林、器物、日常生活等诸多门类的交流，亦有汉族与兄弟民族的交流。然而，仅有自身内部的交流是远远不足以激发出类似晚清美学思想与审美意识那样的跨越式转型的。无论是清代小说、戏曲、诗文、书法、绘画、园林、器物、日常生活等诸多门类的交流，还是清代汉族与兄弟民族在政治、经济、军事、文化、文学、艺术方面的交流，其意义在实质上均未超出传统中国的内部交流的范围。从这个意义上讲，中西文学艺术的外部交流才算是真正进入近代美学思想与审美意识交流范畴的跨越式交流，才能称得上是取得了革命性的跨越意义的交流。而这一点，正是清前历代所不具备的时代环境和历史背景。更进一步讲，由于功能不同，跨越的特点反映在不同文学艺术门类中具有难以等量齐观的可能和效应。小说、戏曲、诗文、书法、绘画、篆刻、园林、器物等文学艺术乃至日常生活的发展和时代美学思想与审美意识的嬗变是无法完全摒弃传统的，蕴藏于清代文学艺术和日常生活之中的美学思想与审美意识的这种跨越式转型必须奠基于中国古代民族思维的优秀传统和彼时世界连通的独特历史环境之上。

一、西学东渐

西方近代文明的强势冲击是清代美学思想与审美意识的跨越

式转型的直接动因。

东西方文明的交流源远流长，最早可以追溯到西汉张骞通西域，及至唐宋，这种交流日渐增多，基本上以中国古代文明向西方扩张为主轴。直至清代乾嘉年间，西人对中国文明仍称羡不已，彼时法国的魁奈曾被誉为"欧洲的孔子"。然而，自明末天主教传入中国，西方文明便与中国文明开始了正面冲突。明末清初中西文化的冲突具体表现为儒释道及传统风俗习惯与基督教的冲突。基督教从明嘉靖年间再次传入中国，至清雍正年间被禁，二百余年内冲突不断发生，尤以明代的南京教案、清代的康熙教案和礼仪之争最为突出。基督教文化与中国文化的冲突不仅仅限于宗教信仰，还涉及价值观、伦理观以及政治等问题。冲突无疑是激烈的，康熙年间杨光先力倡"宁可使中夏无好历法，不可使中夏有西洋人"[1]；嗣后，因教皇禁止中国天主教徒祀祖敬天尊孔，乃至参与诸王夺嫡之争，而使雍正下令禁止代表西方近代文明的基督教在中土传播；迄至道光年间，基督教伴随着列强的坚船利炮卷土重来，西方近代文明由此强势侵入中国。于是，大规模地接受西方近代文明便成为晚清时期中国文化的一大特点，清代美学思想与审美意识也伴随着清代文化一道呈现出前所未有的特质，在富国强民的旗帜下，迈出了学习西方近代文明的艰难步伐，于极其痛苦屈辱的蹒跚中显露出跨越式转型的雏形。

翻译书刊和出洋留学是彼时清人学习西方近代文明最为重要的两大手段。

---

[1] 杨光先等撰，陈占山校注：《不得已（附二种）》，黄山书社2000年版，第79页。

对西方近代文明的翻译起初是由马礼逊、米怜、裨治文、郭士立等传教士以办书院、编刊物、印小册子等方式引领和主导的。咸丰年间，李善兰翻译西方数理等书便得力于艾约瑟。其后，江南制造局附设翻译馆，翻译业达到鼎盛。光绪年间，杨笃信称西洋文化俱为基督教产物，是中国人所需要的，这更使得译书兴学成为传教士工作的最大通途。傅兰雅、韦廉臣、林乐知、李提摩太等均为著名译者，其编译的《格致汇编》《万国公报》《益智新录》《西国近事汇编》《益闻录》等均风行一时，广学会更翻译出版近五百种书籍。清人自己大规模翻译西方书籍则始于同治年间北京同文馆的设立，该馆教习英人丁韪良译《万国律例》，法人毕利于编《化学指南》《俄国史略》《化学阐原》等20种书籍。上海制造局也附设翻译馆，由傅兰雅、林乐知等西人口译，徐寿、华蘅芳等清人笔述，翻译了数百种格致、化学、制造类书籍。戊戌变法期间，清人力倡西学，视译书为自强首策。康有为等认为学习西语费时费力，不如从日文入手；他还译著《日本变政考》《俄彼得变政记》《突厥守旧削弱记》《波兰分灭记》《法国革命记》等呈光绪帝，促其下定维新自强决心。变法失败后，康、梁等流亡日本，此类翻译日益繁盛。梁启超认真总结了此前译书的缺陷，身体力行地通过日译本将19世纪西方思想介绍到中国来，力纠仅重兵学艺学等专门之学、不重"开民智强国基之急务"之偏。据统计，仅1904年《东方杂志》广告栏所刊商务印书馆出版的105种书籍中，翻译作品就占67种，日译本高达40种。无怪乎有人称20世纪初是中国出版界的"翻译时代"。

就清人译书的影响而言，同文馆等官设译局的影响明显小于严复、林纾等人的私人译书。严复所译西书主要有赫胥黎《天演论》、亚当·斯密《原富》、约翰·穆勒《名学》《群己权界论》、斯宾塞《群学肄言》等近代欧洲最有影响的名著,其译文为古文,坚持"信、达、雅"原则,其译事融入了主体自己的体认,被吴汝纶誉为"高文雄笔",为中国近代翻译事业开创了光荣而伟大的传统。萧一山更直接将严复译书视为西洋文化输入中国的一大分水岭,认为此前翻译无学,仅为一枝一艺之术。较之严复,林纾则不懂西语,仅靠笔述他人口译西洋小说而著名,所译小说170余种、千万余字,号为"林译小说",其数量之多、文笔之健、新创之胜,迄今无出其右者;所译小说中最著名的有《巴黎茶花女遗事》《撒克逊劫后英雄略》《伊索寓言》《黑奴吁天录》《迦茵小传》等;胡适赞其"是介绍西洋近世文学的第一人"。

晚清留学运动是清人主动接受西方近代文明的又一重要途径。清朝顺治年间,即曾有天主教士往意大利的中华书院和葡萄牙等欧洲国家留学,迄至同治年间,约有120名天主教士留学欧洲,堪称清代留学运动的先声。清人留洋学习的热潮始于同治年间,早期留学目的地主要是欧美等地,1870年,清廷批准了《蒲安臣条约》中的留学计划,派陈兰彬、容闳等在上海设出洋局,办理招生事宜,并于1872至1875年派出四批约120名少年留学生学习西方自然科学或应用科学,分住康涅狄格州城乡居民家中,学语言、掌风俗,相继在当地入校,直接以英语上课。后因国内保守势力对留学运动的非议,管理人员对留学生的非议,支持留学的曾国藩去世,以及美国当局的排华政策,1881年,大部分留学生被遣送回国,仅詹天佑、欧阳庚在耶鲁大学毕业,余有唐绍仪、蔡廷干、梁敦彦数人亦称得上学有所成。

光绪初年,清廷重视海防,选派陆军、海军留学欧洲。1876年派出卞长胜等7名军官赴德学习陆军。1877年开始又陆续派出三批军官赴英法学习海军,他们均成为中国近代海军的骨干力量,在他们的努力下,中国近代海军建设达到相当规模,拥有福建水师、北洋水师、南洋水师、广东水师四支海上武装力量,成为巡弋在北自符拉迪沃斯托克,南至南洋群岛的槟榔屿、新加坡和菲律宾的东方海上劲旅,位居世界海军第四位。清末,特别是1908年美国将庚子赔款退回一半作为中国留学生赴美学习经费,并在北京开设游美学务处和游美学生肄业馆之后,赴欧美留学之风继续延续。甲午战争后,日本成为国人留学的新目的地。据实藤惠秀《中国人留学日本史》统计,留日之风自1896年始,至1899年约80人,1900年后人数骤然增多,1903年底破千人,1905年底更达8000人之多;即便是清廷限制留学的1906至1911年间,每年赴日留学者亦达3000人之巨。晚清留日狂潮实为清廷鼓励的结果,此外,20世纪初中日两国化敌为友,日方接受中国留学生,以及日本民间友好人士积极支持等也是重要原因。迥异于早期留学欧美,留日狂潮中留学生们所习科目较多,陆军、海军、警察、法政、师范、工业、商业、蚕业、土木、铁路、测绘、制药、物理、化学、外语、体育、音乐、美术等,无所不包,尤以政法、师范、军事、科技四项学习者众多。留日狂潮使得中国通过日本这一间接渠道引入了日本式的西洋文化。

综上,无论是传教士在中国的译书兴学,还是清代官私两方面主动翻译西学书籍，无论是赴欧美留学，还是留日狂潮，均向中国引入了大量西方近代思想与科技、文艺，并对中国社会改革产生了极大的影响，成为清代美学思想与审美意识跨越式转型的直接动因。

二、革故鼎新

国人变革维新的文化传统是清代美学思想与审美意识的跨越式转型的主体驱动。

变革维新是中国传统文化中的一个古老话题。《诗经》即有"周虽旧邦，其命维新"之说，《周易》亦有"天行健，君子以自强不息"之训。迄至晚清，文人士子多醉心于饾饤之学，或谈时文，或作八股，"避席畏闻文字狱，著书都为稻粱谋"，中国更如龚自珍所言"日之将夕，悲风骤至"[1]，呈现一派末世衰象。当此民族危亡存续之际，龚自珍、魏源、陶澍、林则徐等晚清先进文士站在揭露和批判现实社会的立场，鼓吹变革。

作为今文经学代表刘逢禄的后辈及传人，龚自珍充分发挥今文经学"微言大义"的底蕴，指出自古及今，法无不改、势无不及、事例无不变迁、风气无不移变，亦即变法是古已有之、今必行之。龚自珍的改革檄文无疑是振聋发聩的。

随着新经济、新阶级的出现以及外国科学、文化的传入，特别是经过鸦片战争之后的"千年未有之变局"，中国知识界也发生了急剧的变化，变革图存的要求与呼声更为直接和迫切，方式

---

[1] 龚自珍：《尊隐》，载《龚自珍全集》，第一辑，上海人民出版社1975年版，第87页。

也更为直截了当。魏源、林则徐等人以经世致用、自强不息的信念明确提出"师夷长技以制夷"的口号，主张了解外情、仿造国外枪炮军舰，在中国历史上首次明确提出唯我独尊的天朝上国要向海外蛮夷之邦学习文化，魏源更著《圣武记》《海国图志》等，指出西人船坚炮利，宣扬变革观念。此后，知识分子要求学习外国、进行改革的思潮日渐高涨。

戊戌变法前，薛福成、马建忠、王韬、容闳、郑观应、何启等早期要求变革的改良主义思想家，或游历外国，或长居港沪，较多接触西方制度和文化，不仅主张开工厂、兴矿业、筑铁路、设学校、译书籍，而且主张在政治、经济制度等方面实行改革。他们明确提出"重商"主张，宣称"商"是富国强兵的关键，其所言之"商"包括以对外贸易为中心的整个工商业，即要求发展本国经济，保护民族工商业，促进出口，堵塞对外贸易的巨大漏洞。他们认为中国的落后和贫穷是由政府和民众之间的政治关系不正常，专制君主政府和不当权的绅商以及人民大众之间的矛盾尖锐、隔阂太深导致的，因此他们希望在不触动封建专制制度的基础之上放松控制，重视舆论，缓和上下矛盾，让中下层绅商分享权力。这些早期资产阶级改良主义思想家们著书立说，向统治者进言献策，提出许多改革措施，成为彼时中国向西方学习的先驱；然而，他们寄望于当权派的自动改革，明显缺乏推行改革的力量和实际手段。随着太平天国运动被镇压，清廷出现短暂的同治中兴的局面，并开始在自强的旗帜下，开展洋务运动。这个时期中国对西方近代文明的态度已从魏源等人的纸上议论落实到了对工商实业的学习乃至政治制度的讨论上。汤震、郑观应等人甚至围绕西方议会制度展开深入议论。

甲午战争后,列强瓜分中国的危机使得改良主义思潮进一步高涨,资产阶级改良派发动了声势浩大的维新运动,尤以康有为、严复、谭嗣同、梁启超等人为主要代表。康有为除了多次上书要求变法之外,还撰写《新学伪经考》《孔子改制考》,利用今文经学议论时政,抨击受历代统治者尊崇的古文经典,反对墨守成规,又以孔子托古改制为变法寻求依据,撰写《大同书》描绘未来社会美好蓝图;严复除了撰文反对封建政治和文化以外,更翻译西书,系统介绍西方资产阶级政治和社会学说,尤以《天演论》"物竞天择,适者生存"的进化论思想影响为大,他还在译著中加入个人政治主张,疾呼不变法图强必将遭受弱肉强食的命运而亡国灭种,对彼时知识界乃至社会各界起到振聋发聩的警醒作用;谭嗣同则是维新派的中坚骨干和最激进者,他于《仁学》中猛烈批判封建纲常伦理,直斥"君为臣纲"的黑暗且无理的逻辑,号召冲决纲常名教的网罗,矛头直指清廷专制主义统治;梁启超则在《变法通议》中以犀利的笔锋痛陈变革的必然性与迫切性,号召向西方学习,并主张伸民权、设议院。这些思想家及其著述、译作均在社会上产生极大的影响,开启了中国近代解放思想的启蒙运动,也为清代审美意识的跨越式转型提供了充分的思想准备。

及至戊戌变法,变革呼声更至顶峰,百日间所颁上谕百余条,广涉人才选拔、文教改革、政治改革、经济改革等诸多内容,但也因"不中不西,即中即西"而有梁启超后来所言"已为时代所不容"的天然缺憾。时人张之洞《劝学篇》曾谓"中学为体,西学为用",即中体西用。所谓中学亦即旧学,是中国数千年沿袭传承的儒家主体思想,是中国之谓中国、中华民族之为中华民族的根本命意,事关根本政治制度与社会制度等纲常名教的大义;所谓用,则是从学习西方科技到取法西方行政、创设谘议局、组织内阁等类制度的随时应变的权宜之策,但都一统于中学之体的范畴和大格局之内。尽管张之洞与维新派在政见上有较大差异,但在对中国文化走向等本源性问题的把握上,又颇为相近,这体现了彼时中国人在面对西方近代文明猛烈冲撞时寻求中国文化出路的共通之处。

变革、维新之外,晚清还有另外两股试图打破彼时政治困局的颇具革命性的变革。一是太平天国运动,一是国民革命运动。

太平天国运动是洪秀全领导的农民革命运动,他从西方传教士的宣传册中接受了上帝名称,借以同数千年中国社会的精神偶像孔子相抗争,但集中体现其革命主张的《天朝田亩制度》并未能超出孔子所规范的藩篱,真正具有近代色彩的太平天国革命运动纲领当属受过西方教育的洪仁玕草拟并颁布的《资政新篇》,该文力主仿效欧美资本主义民主制度,造火车、修轮船、筑道路、兴邮政、开矿山、办银行,振兴经济、改革政治、统一事权、禁止陋习、富国利民,绘制了一幅完整的资本主义发展的宏图。这一宏图虽因太平天国运动的夭折而化为泡影,却从侧面反映了彼时社会审美意识中新兴的资本主义经济思潮和处于萌芽阶段的新型审美观念的广泛影响,也昭示着清代美学思想与审美意识从传统的封建格局中逐步挣脱,表现出向新兴的审美因素转型的趋向。

国民革命运动则是以孙中山为代表的先进的中国人承继洪秀全等人未竟的事业，以全新的面貌将中国文化推进到新的境界的努力尝试。孙中山很早便已觉察到中国文化的新生之路绝不仅仅在于洋务派所言之"中体西用"，以为若"仅仅只是铁路，或是任何这类欧洲物质文明的应用品的输入（就是这种输入如那些相信李鸿章的人所想象的那样可行的话），就会使得事情越来越坏，因为这就为勒索、诈骗、盗用公款开辟了新的方便的门路"[1]，他高高祭起以民为本的民族主义、民生主义、民权主义的三民主义大旗，力图以此为基础使中国走向独立自主、走向现代化。孙中山总结了西方工业文明发展的经验教训，以为文明越发达，社会问题越严重，并指出中国的现代化绝不应该盲目照抄、照搬西方和日本人的经验，而应该避免早期现代化国家所犯的错误，以欧美日等国贫富差距为前车之鉴，尽早"预筹个防止的法子"。孙中山最大的贡献在于他以革命的手段变革了国体、政体等政治文化制度层面的最大制度，去除了君主专制政体"恶劣政治的根本"，"建立民主立宪政体"，并最终以辛亥革命的成功，使中国进入共和时代。[2] 推翻清王朝，建立民国，是孙中山留给20世纪中国人最为珍贵的礼物，在他领导的国民革命运动的巨大影响下，清末民初的社会美学思想与审美意识自然而然地被赋予跨越式转型的鲜明色彩。

---

[1] 孙中山：《中国的现在和未来——革新党呼吁英国保持善意的中立》，载《孙中山全集》，第1卷，中华书局1981年版，第88页。

[2] 孙中山：《在东京〈民报〉创刊周年庆祝大会的演说》，载《孙中山全集》，第1卷，中华书局1981年版，第327页。

三、走向近代

晚清近代文化的横空出世是清代美学思想与审美意识的跨越式转型的显性表征。

晚清是中国人学习西方近代文明的第一个阶段，中国近代文化的雏形在此时初步显现。大略观之，晚清近代文化的横空出世可从近代知识分子的群体出现、近代新学的广泛传播、近代文化的巨大成就乃至传统学术的全新总结诸方面见出，正是在这些领域的显性表征中，清代美学思想与审美意识的新的跨越式转型的趋势得以显现。

一是近代知识分子的群体出现。晚清时期，工厂企业的兴办、资产阶级的形成、列强瓜分的危机、戊戌变法的推行、西学的广泛传播，均促成了中国近代知识分子的出现。尤其是科举考试废止以后，读书应试、入仕做官的文人晋升传统途径被堵塞，知识分子的出路却更加广阔，他们或进学堂读书，或到国外留学，这使得深受西学熏陶的知识分子数量迅速增加。[1] 早期的近代知识分子多由封建士子转化而来，但又因产生于国家民族危亡存续之际，而迥异于旧时代的士子，具有关心国家命运和民族前途、要求独立富强、富于责任感、热心变革、以天下为己任、爱国思想强烈等突出特征，与此同时，他们又因受到西方科学、文化等影响而活跃、开放、勤奋。近代知识分子的出现为晚清近代文化的横空出世奠定了坚实的主体基础。尽管他们只是初步接触西学，水平并不很高，但他们如饥似渴地向西方学习，坚信能

---

[1] 仅以1908年为例，是年全国有学堂47000所、各类学生130万人；留学生数量庞大，当年仅留日学生即达8000人，次年更增至23000人之巨。

够找到救国真理。科举入仕之途被中断后，近代知识分子走上了更为决绝的探索救国济世之途的新征程，他们或参加政治运动成为革命派或立宪派，或致力于教育事业，学习科技工程、医学，办工厂、开矿山，成为教育家、科学家、工程师、企业家。同时，他们又与封建的传统儒学保有千丝万缕的血缘关系，其头脑中的新思想与旧传统并存不悖，普遍具有脱离劳苦大众、实践能力差、政治上不够成熟、在形势急剧变化中易悲观消极、难以跟上时代发展的局限性。但这些局限性显然无法动摇他们既是晚清政治运动的急先锋、又是新文化、新思想的传播者的主体身份，也无法抹杀这一群体对清代审美思想与审美意识发生跨越式转型的积极意义。

二是近代新学的广泛传播。随着近代知识分子数量的增长，西方的思想文化在晚清迅速传播，在彼时思想文化的各个领域形成西学与中学、新学与旧学的尖锐对立，甚至是剑拔弩张的对峙。自然科学是最早受到重视的领域。这一先机的抢占源自洋务运动中造船、制械、设厂、开矿的需要。江南制造局、北京同文馆、上海广学会等机构翻译了大批自然科学著作，数学、天文、地质、地理、医学、机械及声光化电等科技书籍的出版，在彼时蔚然成风；数学家李善兰、华蘅芳，化学家徐寿，工程师詹天佑等一大批科技人才均于这一时期出现。早期的晚清留学生更多学习科学、技术、医学等自然科学或应用科学。尽管彼时科学刚刚传入中国，清人的科学水平还远远落后于外国，但这毕竟冲破了传统封建社会的知识结构，为清代审美思想与审美意识的跨越式转型注入了崭新的内容、输入了新鲜的血液。学术研究也起了巨大的变化，宋明理学和乾嘉汉学在晚清均走向末路，康有为、严复、梁启超、章太炎、蔡元培、王国维、刘师培等一大批兼有传统旧学根基和新兴西学基础的学者脱颖而出，开始在彼时的哲学、政治、历史、文学等领域的研究中主动引入西方资产阶级的理论和方法，在总结和批判传统学术、开拓新的研究途径方面作出了突出贡献。在他们的大力推动下，进化论、天赋人权思想、平等共和学说、真善美观念等，均不胫而走，为沉闷、固化、静态的晚清知识界提供了全新的研究课题，也为清代审美思想与审美意识的跨越式转型提供了深刻的学术思想与方法论上的保障。科技、学术之外，新学在文学艺术上的传播也为晚清文学艺术界带来了新的风气。随着形势的剧变，晚清出现了南社等宣传反清思想的爱国革命文学团体，它们壮大了新学在文学艺术界传播的队伍和声势。黄遵宪反对陈腐的同光诗体，力倡诗界革命，主张在诗歌内容、题材、技巧上别出心裁、有所突破。梁启超力倡小说界革命，将小说作为揭露黑暗、改造社会的重要手段。李宝嘉、吴沃尧、刘鹗、曾朴等作家促成风行一时的谴责小说的兴盛。林纾、曾朴等人致力于翻译外国小说，首次将许多世界名作引入中国。晚清的这种小说审美意识近现代化的大胆尝试，为实现中国古典小说审美理论与实践的现代转换提供了一定的历史经验与教训。

三是近代文化的巨大成就。尽管对西方近代文明这一异质文化的吸收因文化传播的特性需要经历一定时间的咀嚼，但清人仍然在短时间内取得了令人瞩目的成就。譬如，王国维《宋元戏曲史》、夏曾佑《中国古代史》、刘师培《中国历史教科书》等，均有相关学科开山鼻祖的称誉,梁启超所倡导的新文体和通过日文将大量西方自然科学与社会科学新词汇引入中国语言的举措,更是直接影响到后世国人。以文体之新创这一文学的跨越式转型而论,中国古文延至晚清已日渐步入死胡同,不唯八股文如斯,即如"文以载道""言必雅驯"的桐城派古文亦已江河日下。戊戌变法之后,古文更成为宣传变法和普及教育的主要障碍。康、梁流亡国外,接受西方近代文明浸润,开始意识到开启民智的重要性,便开始打破古文的束缚,创造出一种流畅活泼的新文体,堪称新文化运动的先声。所谓新文体,梁启超称其"务为平易畅达,时杂以俚语韵语及外国语法,纵笔所至不检束,学者竞效之"[1]。其中所谓外国语法实指日本语法。梁启超在日本流亡期间所办《时务报》《清议报》《新民丛报》《新小说》等刊物,均采用了这种新文体,这些刊物因此一时间成为国人竞相捧读的畅销读物,每出一册,国内便立即出现数十种翻刻本,清廷数度严禁而不止。黄遵宪、鲁迅、毛泽东、郭沫若等人均为这种新文体的忠实拥趸。黄遵宪赞誉其"惊心动魄,一字千金,人人笔下所无,却为人人意中所有,虽铁石人亦应感动,从古至今文字之力之大,无过于此者矣"[2]。郭沫若则称:"平心而论,梁任公的地位在当时确是不失为一个革命家的代表。他是生在中国的封建制度被资本主义冲破了的时候,他负载着时代的使命,标榜自由思想而与封建的残垒作战。在他那新兴气锐的言论之前,差不多

---

[1] 梁启超:《清代学术概论》,上海古籍出版社1998年版,第85—86页。
[2] 丁文江、赵丰田编:《梁启超年谱长编》,上海人民出版社1983年版,第274页。

所有的旧思想、旧风习都好象狂风中的败叶,完全失掉了它的精彩。二十年前的青少年——换句话说:就是当时的有产阶级的子弟——无论是赞成或反对,可以说没有一个没有受过他的思想或文字的洗礼的。"[1] 以词汇之新创这一语言的跨越式转型而论,晚清兴起了将日译西方自然科学与社会科学的新词汇大量引入中国语言的风习,仅在日本学者实藤惠秀《中国人留学日本史》中就列出了800余此类词汇,譬如一元论、二重奏、人道、人格、反动、反对、方针、方案、内在、文明、文化、分析、分配、手段、手续、主义、主体、右翼、左翼、主观、客观、自由、民主、人生观、不景气、大本营、世界观、未知数、交响乐、意识形态、经济恐慌、最后通牒、形而上学、自然科学等。这简直可以称为中国历史上一场规模空前的文化移植运动,这些词汇的影响迄今不绝,依然活跃在我们的生活语言之中。凡此种种,均可见出清代审美思想与审美意识跨越式转型的深度与广度、跨度与强度。

四是传统学术的全新总结。晚清之世,处于中国与西方学术交会之时,加之中国学术本身也经由乾嘉学者的共同努力达到一种烂熟而面临蜕变的境地,传统学术开始在全面总结基础上有了全新的阐释,一些新的审美趋势也在此时崭露姿态,在对经学、汉学、金石甲骨、中外史地、佛学等诸多方面的全新总结中呈现出清代美学思想与审美意识跨越式转型的迹象。

---

[1] 郭沫若:《郭沫若全集·文学编》,第11卷,人民文学出版社1992年版,第121页。

第四章 文艺审美潜变及现代转型演进

置身于近代中国社会变迁与文化转型的前夜，中华传统美学在各个艺术门类美学即部门美学中孕育、萌生了现代性苗头。以小说、戏曲、书法、绘画等为例，稽考转型期间中华传统美学中潜在的现代性因子，可以约略窥见中华传统美学由古典、传统向近现代转型的影子，追溯中华传统美学现代转型潜在的起点及其潜变趋向。

第一节　小说审美中的现代性因子

一、盛况一瞥

清代是中国最后一个封建王朝，中国古典文学在这一时期走入了集大成阶段。中国传统小说在清代取得了重大成就，臻于巅峰。小说可谓清代文学中成就最大的门类，有学者称，"清代是中国古代小说的繁荣期、高峰期和转型期"[1]，清代堪称"中国小说史的黄金时代"[2]，此论诚不欺也。总体而言，清代小说承明季小说之底蕴，作品数量多、题材广、风格众、流派齐、类型全，整体质量上乘、单部个性鲜明；从数量上看，据不完全统计，清代仅白话小说即有千余种之多，为已知宋元明三代小说总数的三倍多；从流派上看，鲁迅曾指出明代小说流派有讲史、神魔、人情、拟话本四种，而尤以神魔、人情为两大主流，清代小

---

[1] 石昌渝：《清代小说在文学史上的定位问题》，《南京师范大学文学院学报》2006年第1期。
[2] 谭邦和：《略论清代小说的发展与演变》，《高等函授学报》（哲学社会科学版）1996年第3期。

说的流派比明朝更多，有拟古派、讽刺派、人情派、才学派、狭邪派、侠义及公案派、谴责派等，再加上晚清的翻译派、宗教派和其他新生派，可谓流派纷呈；从类型上看，文言之外，清人还创作了大量的白话小说，笔记小说也层出不穷，其中尤以蒲松龄的《聊斋志异》、曹雪芹的《红楼梦》和吴敬梓的《儒林外史》为标志性作品，其魅力历久不衰，在思想和艺术上均达到古典小说的巅峰。这些小说，或集中地反映了清代波澜壮阔的社会生活，或细腻地表现了青年男女的儿女情长，或详实地记载了彼时社会的各类逸闻趣事，不仅贩夫走卒、普通百姓茶余饭后对其津津乐道，文人士大夫也常对其喜不自禁、手不释卷，盛况诚如《中国历代小说序跋选注》所言："莫道小说闲书，不关紧要。须知越是小说闲书，越发播传得快，茶坊酒肆，灯前月下，人人喜说，个个爱听。"[1] 铸成清代文化生活的靓丽景观。与此同时，清代小说尤其是晚清小说，更在数十年间承继数百年传统小说优良传统，汲取西方文化养分，变革中国传统小说体制及叙事模式，完成了由古典向近现代的历史性转型。

晚清以降，世界格局、国家形势、社会生活与学术思想均发生前所未有、波澜壮阔的剧变，在此背景下，龚自珍等一批先进文人创作了大量富有激情与想象力的文学作品，开始打破传统文学的沉寂局面，表现出反专制、反压抑、渴求个性自由解放的思想倾向，首开近代文学先声。嗣后，文学艺术出现显著的转变，小说创作亦不例外。经过清初小说的兴盛繁荣和清中叶小说的创

---

[1] 曾祖荫、黄清泉、周伟民等选注：《中国历代小说序跋选注》，长江文艺出版社1982年版，第241页。

作高潮之后，虽然古典小说的发展渐近尾声，晚清小说在整体上佳作不多，但在本土自强和西学东渐背景下显露出现代化转型趋势，仍不乏优秀作家作品和新型审美意识涌现。

一是狭邪小说的出现与长篇白话小说创作的延续。《荡寇志》《万花楼》《五虎平西前传》《五虎平南后传》《施公案》等昭示着演义、传奇、侠义、公案在这一时期继续合流的态势；《绿牡丹》《粉妆楼》等则是旨在消弭人民的反抗、维护封建统治秩序的侠义小说成型的标志；《三侠五义》《儿女英雄传》相继产生，广泛流传，很有影响；《品花宝鉴》则是专门描写文人与妓女、优伶交游的狭邪小说，代表了才子佳人小说向狭邪小说的演变。狭邪小说的出现，反映了时势衰颓，文人悲凉哀怨，追求享乐、消遣的风气。嗣后，《林兰香》《花月痕》《青楼梦》《海上花列传》《海天鸿雪记》《海上繁华梦》《九尾龟》等狭邪小说历经了溢美、近真到溢恶的嬗变轨迹。[1]

二是文言小说的新发展。晚清文言小说多在《聊斋志异》笼罩之下，产生了《夜雨秋灯录》《淞隐漫录》《淞宾琐话》《女聊斋志异》《醉茶志怪》等成果；屠绅《蟫史》、陈球《燕山外史》突破传统，以文言为长篇，以骈体作小说，体裁上创新颇多；而沈复《浮生六记》、苏曼殊《断鸿零雁记》则俱为情韵深厚的自传体文言小说，令人耳目一新。

三是翻译小说的出现。世乱积离、人心思变，民众对小说的阅读需求大涨，欧风西雨带来的科技进步又促成了印刷业和出版

---

[1] 参见鲁迅《中国小说的历史的变迁》对狭邪小说演变过程的勾勒。（鲁迅：《中国小说史略·附录》，人民文学出版社1973年版）

业的发达，在西风东渐的整体社会文化背景之下，小说家们加速创作之余开始译制外国作品，翻译小说便应运而生并日渐繁盛。申报馆刊行《瀛寰琐纪》，为我国最早的文学专业刊物，从第三期起连载蠡勺居士翻译的外国小说《昕夕闲谈》，这是我国近代较早由英文译成白话文的长篇小说。

四是谴责小说的重要贡献。光绪后期涌现出一批批判社会、抨击时事的谴责小说。李宝嘉《官场现形记》、吴沃尧《二十年目睹之怪现状》、刘鹗《老残游记》、曾朴《孽海花》等均为此类型代表作，堪称晚清小说最重要的成就，并称晚清四大谴责小说。此类小说虽因内容还不够深刻，文辞又较为粗糙，结构也欠严谨，而在文学史上存有异议，但谴责小说作为一种现实主义暴露文学出现于晚清，因其大胆的变革激情和沉郁的忧患意识以及宽广的视野，而有着重要的历史作用和时代进步性；又因其受到西方文化影响而生出新的艺术因素，昭示着古典小说近现代转型的揭幕。

五是小说也是革命派喜用的宣传武器。除曾朴的谴责小说《孽海花》外，陈天华《狮子吼》、黄世仲《洪秀全演义》和《大马扁》、颐琐《黄绣球》、梁启超《新中国未来记》、陆士谔《新野叟曝言》和《新中国》、春帆《未来世界》、苍园《新中国之伟人》、悔学子《未来教育史》、菽夏《女学生》、海天独啸子《女娲石》、思绮斋《女子权》、王妙如《女狱花》等或倡民主、或求启蒙、或倡改良、或图立宪、或论教育、或主女权，都宣传了民主革命思想，虽艺术成就皆不如《孽海花》，但都立意新鲜、思想进步，颇具开心智、发蒙愚的时代气息。正是在这种情状下，中国古典小说开始走上近现代转型快车道。

二、另一视角的考察

中国古典小说的根本特征，首先在其边缘性。迥异于诗词曲赋，古典小说始终未能形成自己清晰、稳定的文本特征，对作品的内容和形式均缺乏明确的规范，是一种具有宽泛的包容性的边缘文学。白话小说自不待言，有着逾千年历史的文言小说也是如此。不仅六朝笔记小说如此，即便更为成熟的唐传奇亦如此，甚至清代蒲松龄《聊斋志异》这样一部古代文言小说的巅峰之作也不例外。这种情状的缘由正在中国小说本身的多种著述集合体属性。边缘性的特征与其说是中国古典小说在形式上的先天缺陷，毋宁说是中国古典小说在内涵与外延等视角的先天优势。它使得中国古典小说与历史、宗教、哲学、伦理、政治、制度、民俗、艺术等几乎一切四邻水乳交融，在表现中国古代社会文化、呈现时代美学思想与审美意识方面具有了其他文体无可比拟的天然的深度和广度。所以《红楼梦》被誉为一部百科全书式的小说杰作。相较而言，旧诗虽在表现古人情感波澜曲折方面胜出小说不少，却在表现社会生活全貌与实况上不及小说深广。中国古典小说中的中国历史文化、社会演进方面的积淀极其深厚，正如陈寅恪所言"唐代小说之所取材，实包含大量神鬼故事与夫人世所罕之异闻"[1]，这正是中国古典小说特有的价值，也是我们可以借由一时代的小说窥见该时代美学思想与审美意识的根源。

---

[1] 陈寅恪：《韩愈与唐代小说》，程会昌译，《国文月刊》1947年第57期。

然而，中国古代文学传统中历来有这样的评判："中国文学的好处在诗，不在小说。"[1]此语精准地道出了"小说不入主流"的传统文学观念。这一局面到清末小说界革命兴起方才开始得以扭转。五四运动之后，罗贯中、施耐庵、吴承恩、蒲松龄、吴敬梓和曹雪芹等才得以取得足与屈原、陶渊明、李白、杜甫、苏轼、陆游等人比肩的应有地位。不仅如此，小说更以其独特的通俗性与普适性赢得了更为广泛的读者与拥趸，成为中国传统文学中缺乏官方正统地位却不乏社会影响的重要文学种类，小说美学思想与审美意识也在普通中国人的历史观、伦理观、人生观、社会观中产生了不可忽视的重要影响。时至今日，毋庸置疑的是，谈及中国社会、历史和文化，无法忽视小说带来的影响。

鲁迅《中国小说史略》堪称首部系统研究中国古代小说发展演变的学术专著，其中，《中国小说的历史的变迁》一节尤为著名，在该节中，清代小说占有相当的比重。[2]然而，在鲁迅之前，小说批评已有数百年历史，脂砚斋《红楼梦》评点与毛宗岗《三国演义》评点、金圣叹《水浒传》评点一道，早已流播久远并影响广泛。相较而言，此类评点多针对某本小说有感而发，缺乏系统性理论，难以归入严格的小说研究范畴。鲁迅之后，涵括清代小说的中国小说研究方才与国际接轨，成为专门学科。胡适虽无小说研究专著，但其有关《红楼梦》《儒林外史》等数十种

---

[1] 陈世骧语。张爱玲：《国语本〈海上花〉译后记》，载《张爱玲文集》，安徽文艺出版社1996年版，第898页。

[2] 参见鲁迅《中国小说的历史的变迁》。(鲁迅：《中国说史略·附录》，人民文学出版社1973年版)

小说的论文和序跋却对当时和以后的古典小说研究产生极大的震荡。以鲁、胡为先导，20世纪清代小说研究成就斐然。无论是对小说作者、小说版本、作品思想、作品艺术成就的研究，还是对小说与社会思潮、小说所涉中外文化交流等的研究，均取得史无前例的成果。譬如，对《红楼梦》作者曹雪芹的家世生平、《红楼梦》版本等方面的研究，周汝昌、冯其庸、吴恩裕、吴世昌、王利器等人的成就已远超胡适；王昆仑、李辰冬、吴组缃诸君对《红楼梦》小说思想和艺术成就的研究成果也已达到相当的深度；对于《聊斋志异》《儒林外史》及明清其他小说的研究则有陈寅恪、孙楷第、阿英、吴晗、郑振铎、赵景深、徐朔方、路大荒等人各具慧眼的创获。

21世纪初，有学者曾对小说审美意识的内涵作过四点注解："第一，小说审美意识是小说家对小说这种艺术形式的总体看法，包括小说家的哲学、美学思想，对小说社会功能的认识，所恪守的艺术方法，创作原则等。第二，小说审美意识是小说家和读者（听众）审美思想交互作用的结果，它在创作中无所不在，渗透在作品的思想、形式、风格特别是意象之中。第三，小说审美意识具有鲜明的时代色彩，各个历史时代都具有其代表性的小说审美意识，而这种鲜明的时代色彩又不否认各个时代各种小说审美意识之间存在着沿革关系。第四，小说审美意识的更新、演变像一切艺术观念的变革一样，一般地说是迂回的、或快或慢的，有时甚至出现了巨大的反复或异化。"[1] 这一表述至少揭示了有关

---

[1] 宁宗一：《史里寻诗到俗世咀味——明代小说审美意识的演变》，《天津师范大学学报》（社会科学版）2001年第6期。

小说美学思想与审美意识研究的四个关键问题，显然是切中肯綮之论。据此，可以发现有关清代小说美学思想与审美意识研究的几个基本观点：其一，清代小说上承晚明余绪，下开近代先河，中历封建帝国最后的盛世，跨度甚大、波澜起伏，清代小说的美学思想与审美意识变迁轨迹鲜明且嬗变影响因子丰富，堪称清代美学思想与审美意识研究中最富含金量的研究对象之一；其二，清代小说美学思想与审美意识集中国古典小说美学思想与审美意识之大成，前代小说美学思想与审美意识在这一历史时期有着集中体现或映射，研究清代小说美学思想与审美意识不仅能够揭示这一历史时期特有的小说美学思想与审美意识，而且还有利于理解整个中国古代的小说美学思想与审美意识；其三，晚清有着小说美学思想与审美意识近现代化的大胆尝试，其得失能够为实现中国古典小说审美理论与实践的现代转换提供相当的历史经验与教训。综上，对清代小说美学思想与审美意识进行研究非常必要。其关键性突破口即在立足优秀小说文本，依凭合理有效之法，深入发掘清代小说审美资源，并在古今、中外审美实践与思想的比较、理解、对话、阐释的基础上，以具体而微的扎实研究，为揭橥清代小说美学思想与审美意识嬗递规律，疗救中国传统美学与审美理论的"失语症"，实现中国古代小说审美理论与实践的现代转换提供启示性思路与理论建构。由此，从清代小说入手探寻现代性审美因子，就成为可能。

三、四个角度：主旨、意象、叙事、观念

清代小说的基本主题多与反理学紧密相关，主要有三类：一

是反八股、反科举。如前所述，清廷定程朱理学为官学，沿袭明代八股取士制度，理学与八股狼狈为奸、互相利用，以此牢笼天下士人，《聊斋志异》《儒林外史》《红楼梦》《后西游记》《镜花缘》等作品均对失智腐儒、科场弊端和科举制度予以揶揄、抨击、反思、否定，形成反八股、反科举的核心主题。二是反性理、反空疏。清廷钦定的程朱理学倡导"尽性""循理"，所谓"天理"即封建纲常秩序，重"内圣"轻"外王"、崇性理鄙实学、尚空谈弃事功，竭力美化统治阶级价值观，《女仙外史》《儒林外史》乃至《阅微草堂笔记》均以原儒之说为器，指斥和否定"坐谈性天"的空疏价值观，形成反性理、反空疏的思想洪流。三是反禁欲、反理教。程朱理学惯以"存天理、灭人欲"的天理人性论来荼毒百姓，历来即为有识之士坚决反对，《聊斋志异》《儒林外史》《红楼梦》《女仙外史》等作品或以幻寓实，或以情反理，或理性剖辩，均于情爱婚恋的描状中发出了对"天理"的抗争强音，力主以人心反道心、以人欲抗天理，否定程朱人性学说，要求自然人性发展。这些主题上承明末清初反理学社会批判思潮余绪，下启近代旧民主主义革命与文化改良运动，全面深刻地揭橥了清廷在仁心、仁政标榜下以钦定、御纂外加文字狱的方式瓦解士人独立精神、毁灭优秀传统文化的险恶用心和罪恶行径，艰难曲折地表现着彼时彼境的社会风尚与时代精神，呈现着中华文明由古典迈向近现代的嬗递轨迹。

  清代小说的意象创构、典型形象塑造的重心已由帝王将相转向才子佳人及社会各界的普通民众，呈现出鲜明的世俗化和去雅化倾向，并初步实现了从古典典型形态向近代典型形态的转变。

《中国大百科全书》载"清代小说"词条称:"清代是中国古代长篇小说的黄金时代。清代长篇小说数量空前,风格流派多样,最重要的是它与现实生活十分接近,不再只是描写逝去的英雄时代和传奇式的英雄人物,它把目光转向世俗的社会和平常的人们。"该词条又称:"清代长篇小说的主流是描写现实社会的寻常生活,如《醒世姻缘传》《儒林外史》《歧路灯》《绿野仙踪》《红楼梦》等等,都是写现实生活的人。尤其是《红楼梦》,它按生活本来的样子描绘生活,以一个家庭的兴衰表现一个阶级一个时代的兴衰,以一群青年男女的悲剧表现一个社会一个时代的悲剧,充分显示出长篇小说表现现实生活的巨大的能力和容量。"[1] 可见,《聊斋志异》《儒林外史》《红楼梦》等清代小说的题材继承了《金瓶梅》创拓的新途,由帝王将相和英雄人物的治国平天下之事转向普通人的世俗日常生活。这说明清代把小说作为描摹世界的风俗画而不是作为断代政治史的观念更普遍、巩固和自觉了,尤以社会批判小说和言情小说两类作品最具代表性。清代小说直接继承《金瓶梅》的传统,把人生中的优美与崇高、下贱与卑鄙、悲怆与欢乐在平时的世俗生活中深刻表现出来,在描写普通人生活的细致精密方面远胜前代佳作。《聊斋志异》《红楼梦》《儒林外史》《梼杌闲评》《醒世姻缘传》《歧路灯》等清代小说的人物塑造,均着重写个性的独特、丰富、复杂,并在特殊中显示一般,在个性中融化共性;尤其是在《儒林外史》《红楼梦》中,

---

[1] 中国大百科全书出版社编辑部、中国大百科全书总编辑委员会《中国文学》编辑委员会编:《中国大百科全书:中国文学》,中国大百科全书出版社1998年版,第640页。

无论是马二先生、王玉辉、周进、范进，还是王熙凤、贾宝玉、林黛玉、薛宝钗，每人皆有多面性格表现，每面俱涵文化底蕴，小说创造性格化典型意象的水平，确已臻于巅峰。

清代小说的叙事模式，主要成就即在其叙事视角的"去全知化"及其向作品中人物视角的艺术转化，彻底摆脱传统的全知视角对作品艺术效果的戕害。清代小说的叙事角度较前代已大为丰富。叙事观点的多样化和自然转换，是小说尤其是长篇小说摆脱原始状态、提高表现力的至关重要的关键因素。如吴敬梓《儒林外史》马二游西湖一节，所写之景全是马二所见之景。再如曹雪芹《红楼梦》状物、言情，全由冷子兴、门子、刘姥姥等人物之口、之眼中自然流出。吴、曹两位作家写景、叙事、状人，角度多元又自然天成，全无斧凿痕迹，臻于化境。在此基础上，清代小说因题材独立、注重作品表现力而全面形成了鲜明的个人风格，《聊斋志异》《儒林外史》《红楼梦》，甚至包括《镜花缘》《歧路灯》《阅微草堂笔记》，均彻底摆脱了《三国演义》《水浒传》及"三言二拍"等作品的群体风格与特征，无不具有鲜明突出的独特个性风格，成为清代小说艺术独立与成熟的代表。

清代小说的小说观念最为突出的转变，在于小说地位的空前提高与小说功能的严肃拓展。首先是小说地位的显著上升。不仅有人公开赞誉小说的审美价值，更有人将小说置于儒家经典之上。承继李贽、冯梦龙、公安三袁对小说的极力鼓吹，金圣叹以评点六才子书之举，力图将小说戏曲与《史记》《庄子》《楚辞》相提并论，甚至将传奇小说称为天地妙文，以为"言非小道，实有可观"[1]。如此举动与言论皆有力地推进了小说的地位在清代的提升。其次是小说功能的严肃拓展。清人不仅意识到小说在娱乐消遣上的巨大功能,还据此开始为小说谋求应有的立足之地,而且严肃地提出迥异于传统儒家"成教化、助人伦"的文学期待和小说功能定位,明确指出"闲言语"之大功效:"小说者何,别乎大言言之也。一言乎小,则凡天经地义,治国化民,与夫汉儒之羽翼经传,宋儒之正心诚意,概勿讲焉。一言乎说,则凡迁固之瑰玮博丽,子云相如之异曲同工,与夫艳富、辨裁、清婉之殊科,宗经、原道、辨骚之异制,概勿道焉。其事为家人父子日用饮食往来酬酢之细故,是以谓之小,其辞为一方一隅男女琐碎之闲谈,是以谓之说。然则,最浅易、最明白者,乃小说正宗也。"[2] 经此一辩,小说观念于清季大变,日益受到当时文士的严肃对待与广泛追捧,他们不仅热情踊跃地参与小说创作,而且敢于在小说作品上直接署名。李渔创作《笠翁十种曲》《十二楼》《连城璧》等,沈起凤创作《谐铎》《报恩缘》《才人福》《文星榜》等,李海观创作《歧路灯》,李百川创作《绿野仙踪》,李汝珍创作《镜花缘》,文康创作《儿女英雄传》,陈森创作《品花宝鉴》,魏秀仁创作《花月痕》,等等。上述诸人或为著名文商、或为清廷举人、或为书香门第、或为清廷官吏、或为满族世家、或为文人雅士,无一不在小说新观念的涌动下致力于小说创作及利

---

[1] 艾舒仁编次,冉苒校点:《金圣叹文集·贯华堂批第五才子书〈西厢记〉》,巴蜀书社1997年版,第392页。
[2] 罗浮居士:《蜃楼志序》,载曾祖荫、黄清泉、周伟民等选注《中国历代小说序跋选注》,长江文艺出版社1982年版,第256页。

于小说地位提升、功能正名的事业，演成鲁迅《中国小说史略》中所评"盖传奇风韵，明末实弥漫天下，至易代不改也"之盛况。及至清末，小说地位提升与功能正名更在知识界达成共识，被梁启超"小说为文学之最上乘""小说有不可思议之力支配人道"[1]之说提升至文学殿堂之巅。

第二节　戏曲审美中的现代性因子

一、四种思潮：民族、实学、主情、改良

有清268年，从明清易代的社会鼎革、清初各帝的创业兴盛，到整个封建社会走向衰亡，清代社会人文思潮随着时代发展的进程起伏变化，戏曲艺术也随着社会人文思潮的涌动不断更替。明末清初以来，随着市场范围的扩大、新航线的开辟和手工业产品的增多，商品经济较快恢复并超越前代水平。迅速走向繁荣的城市商业经济严重冲击了传统农业经济，商人、高利贷者、地主三位一体，构成社会财富分配的基本结构，"弃本逐末""好货""好色"之风弥漫社会，加之战乱、政治鼎革、文字狱等政治因素穿插其间、起伏变幻，时代生活日渐混乱、紧张，造成愤激、焦躁、迷惘、感伤交互杂陈的知识阶层整体文化心态；心学为经学、实学取代，引领着彼时的文化思潮转向和思想解放运动。清初思想家在以"挽救世道人心"为基本出发点的内在文化精神与传统的前提下，纷纷将"人欲"与"天理"并提，倡导经

---

[1]　梁启超：《论小说与群治之关系》，《新小说》1902年第1卷第1期。

世致用，转向求实，发展成经世致用的实学思潮。于是，面向现实与力求复古成为清代最为显著的两大时代精神，对文学艺术创作产生了史无前例的巨大影响。清代戏曲艺术领域的表现与诗文创作执着于复古不同，呈现的是因始终植根于现实生活而逐步走向繁荣的整体趣向。部分清代戏曲家继承宋元词曲"缘情"传统，将崇古意识融入现实感受，在作品中充分展示自我情感世界与价值取向；另一些清代戏曲家则专事戏曲，尤重戏曲舞台表演实效。由此，清代戏曲便主要分出杂剧与传奇两种不同的风格：前者以酣畅淋漓的自我情感抒写的现实感为主，后者则以典雅妩媚的风流自赏的恋古情结为主。两相补充，完整地体现着时代文化精神。尽管传奇作家多以追求"情至"为尚，却并未漠视现实生活。但从整体来看，清代戏曲家既对社会现实强烈不满，又做出明显的观念调整，明显呈现出矛盾的价值取向：一方面始终坚持崇义弃利的传统价值观却无从为自身艰难窘迫的现实处境找到根本突破口而流向骂世与宗教，另一方面执着地追求突破礼教、至情和谐的风流浪漫却不愿正视现实人生的悲剧而满足于虚假的大团圆结局。及至清中叶，思想界出现性灵说与汉学对立的复杂局面，戏曲界则出现教化性剧本与更加注重舞台艺术实践的趋势，长篇传奇大戏日渐为单折短小杂剧取代，折子戏成为演剧活动的主导。乾嘉以降，清代封建末世的衰落与思想界的活跃激发了变革的人文主潮，洋务派、维新派相继登场，传统宗法受到西学与实务的极大冲击，波及戏坛的花雅之争，雅部衰落而花部尤其是京剧的兴盛直接引领了晚清戏曲改良思潮。

具体而言，清代戏曲审美的流变主要受到怀古思旧的民族思潮、经世致用的实学思潮、性灵主导的主情思潮、变革维新的改良思潮的影响，形成四个主要嬗变动向。

一是受到怀古思旧的民族思潮影响而形成的以吴伟业、尤侗、洪昇、孔尚任等人为代表的表现故国沦亡忧思的戏曲创作主潮。吴伟业所作传奇《秣陵春》、杂剧《临春阁》和《通天台》均表达禾黍之悲和兴亡之感，抒写亡国之思；尤侗所作传奇《钧天乐》、杂剧《读离骚》《吊琵琶》《桃花源》《黑白卫》《清平调》等，假借沈白、杨云、屈原、王昭君、陶渊明、聂隐娘、李白之遭际抒写悲愤之情；洪昇《长生殿》则将李、杨帝妃之情殇融入特定时代环境之中，寄寓国家兴亡之感；孔尚任《桃花扇》更借离合之情，写兴亡之感。这些戏曲创作均反映出清初文人和思想界历经改朝易代的家国劫波之后对故国的集体忧思，其势之大也使其最终招致清廷反感与残酷镇压，彼时《明史》案、《南山集》之狱、汪景祺之狱等接连不断的文字狱即为明证。

二是受到经世致用的实学思潮影响而形成的以李玉、李渔、苏州派等为代表的注重戏曲功用、致力演剧实效的戏曲创作主潮。一方面，李玉及苏州派曲家们创作的《一捧雪》《翡翠园》《万寿冠》《双和合》《称人心》《人中龙》《胭脂雪》《五高风》《未央天》《占花魁》《快活三》《艳云亭》等开始将关注的焦点锁定下层平民百姓的生活，朱素臣《十五贯》、朱佐朝《渔家乐》、丘园《党人碑》、李玉《千忠戮》等更直接将戏曲创作主题由儿女情长转向对时事的关注，李玉《清忠谱》《万民安》还再现了明末苏州市民可歌可泣的抗暴斗争，孔尚任《桃花扇》也将南明兴亡系于桃花扇底，显然承继了时事新剧的创作传统。另一方面，李渔则从实践与理论两个途径全面承继了沈璟开启的讲求戏曲功用、追求戏曲舞台实效的做法，其戏曲创作既有娱乐性又具教化功能，他隐逸市井，组建家班，自任教习导演，四处游历演剧，其戏曲理论则力主以观众口味需求为第一要务。这些戏曲创作导向的转变均源自以黄宗羲、王夫之、顾炎武等为代表的清初文人与思想界在痛定思痛之后倡导的以"修己治人"代"明心见性"、以经世致用之实学代于世无补之空言的实学思潮的影响。

三是受到性灵主导的主情思潮影响而形成的以蒋士铨为代表的、既重戏曲教化功用、更弃案头而尊舞台演出效果的戏曲创作主潮，折子戏、杂剧乃至乱弹诸腔均得到长足发展。从内容主题来看，蒋士铨所作杂剧《西江祝嘏》（四种）、《一片石》、《第二碑》，传奇《采樵图》《藏园九种曲》，以及夏纶《惺斋六种曲》、董榕《芝龛记》、吴恒宣《义贞记》、永恩《漪园四种》等，均为以戏曲创作行教化之功、宣扬忠孝节义、为封建礼教卫道之作。从舞台表演来看，单折杂剧创作的兴盛与折子戏的广泛演出成为清中叶剧坛主潮。单折短剧排场气势虽不及整本大戏，但更便于排练演出，这也是其受观众欢迎而广泛流行的原因。在此影响之下，花部也因其受众广泛的独特优势随着昆曲日渐雅化、衰落而登上清代剧坛，并得到长足发展。这一戏曲审美转向恰为有别于清初实学思潮和戴震汉学思潮的袁枚性灵说与彼时已占主导地位的传统理学思想以及同时涌现的格调说、肌理说争胜的有力佐证。

四是受到变革维新的改良思潮影响而形成的以梁启超等人的政治剧曲和汪笑侬等人的京剧改良为代表的戏曲创作和改良运动

主潮。梁启超《劫灰梦》《新罗马》《侠情记》、惜秋与旅生等合作《维新梦》、孙雨林《皖江血》、浴血生《革命军》、湘灵子《轩亭冤》、华伟生《开国奇冤》、川南筱波山人《爱国魂》、吴梅《风洞山》、雪的《唤国魂》、玉瑟斋主人《血海花》、南荃居士《海峤春》均为着眼政治现实、带有民族资产阶级民主意识的传奇戏曲创作；汪笑侬所作《党人魂》《瓜种兰因》《哭祖庙》《博浪锥》等则托古寓今、影射时政，揭开京剧改良运动的大幕；嗣后，严范孙、李琴湘等在天津演出时装戏《潘公投海》，黄吉安在四川成立致力于"改良戏曲，补助教育"的戏曲改良公会，潘月樵和夏月润、夏月珊兄弟在上海创建"新舞台"，王钟声在天津倡导演出《爱国血》《浸海石》《血手印》等新剧新戏，李桐轩、孙仁玉在西安创办易俗社，培养演员、编写剧本、振兴秦腔，大家纷纷起而响应北京的戏曲改良运动，与汪笑侬声气相同、遥相呼应。这些政治剧曲的创作与戏曲改良运动的勃兴，均为乾嘉以降龚自珍、魏源、包世臣、康有为、梁启超、严复、谭嗣同、杨度、张謇、邹容、陈天华、章太炎、孙中山等人不懈探寻治世救国之道的思想演进在戏坛上的体现，既反映了昆曲因守旧而近乎消亡、新剧尤其是京剧日渐风行、花部已代雅部主导戏坛的现实，也以戏曲界的新面貌，彰显和标志了封建专制之旧时代的终结与民主共和之新时代的来临。

二、四种路向：雅俗、情理、文质、南北

作为中国古典社会向近代社会转型的重要时代，清代既是对中国古典学术与艺术的集大成式的总结的时代，更是在全面承继前代重要理论与实践成果基础上，由被动到主动地向西学与民间智慧学习创新的时代。在这一大背景下，清代戏曲审美也在全面总结中国古典戏曲传统基础上艰难前进、不断发展、臻于巅峰，并在这一进程中呈现出鲜明的多元、多样、多变的趋势，表现出雅俗对峙、由雅向俗，情理对峙、由情向理，文质对峙、由文向质，南北对峙、由南向北等路向特征。

雅俗对峙，由雅向俗，是清代戏曲审美的主要路向。

雅俗是中国文学传统中的一对重要范畴，雅俗并行不悖、相互补充历来就是中国文学发展中的重要现象和规律。雅，指知识阶层所创作的思想深邃、形式严整、辞章合律、讲求文采的作品，代表着古代文化发展的主流、成就与水平；俗，则指民间所创作的体现大众生活情感、形式灵活、语言通俗、符合大众情调趣味的作品，是雅的源头和补充。总体而言，清代文学诚如郭绍虞所言，"是包罗万象兼有以前各代的特点的"[1]。作为清代文学的重要一极，清代戏曲无论在内容上还是形式上均呈现出雅俗并存、互补、对峙的特点，并以俗的全面胜利告终。

中国戏曲本属俗文学范畴，宋金时代的官本杂剧及元杂剧均为在戏台、氍毹、勾栏之间演出供人欣赏的表演剧本，其雅化趋势自明人始，汪道昆《大雅堂杂剧》、许潮杂剧《泰和记》均为其明证。此类被雅化的戏曲创作被王骥德称为"案头"[2]。吴伟

---

[1] 郭绍虞：《中国文学批评史》，商务印书馆1997年版，第11页。
[2] 王骥德曾谓："以是知过施文彩，以供案头之积，亦非计也。"此处首次使用了"案头"一词，即后世"案头之曲"的由来。（王骥德：《曲律·杂论第三十九上》，载中国戏曲研究院编《中国古典戏曲论著集成》，第四集，中国戏剧出版社1959年版，第154页）

业、尤侗等清代戏曲家承前余绪，持续发展了这种戏曲雅化倾向，吴作《临春阁》《通天台》、尤作《西堂乐府》《吊琵琶》《黑白卫》《清平调》，嵇永仁《续离骚》、张韬《续四声猿》、裘琏《明翠湖亭四韵事》、杨潮观《吟风阁杂剧》、桂馥《后四声猿》、石韫玉《花间九奏》、叶小纨《鸳鸯梦》、廖燕《柴舟别集》、徐爔《写心杂剧》等杂剧，周皑《黄鹤楼》、方成培《双泉记》、顾森《回春梦》等传奇，俱为着力表现曲家主体意识的案头化文人雅化剧作的典型代表。民间俗剧创作也因文人雅士介入而涌现出蒲松龄《聊斋俚曲》[1]、钱德苍《缀白裘新集》[2]、吕公溥《弥勒笑》、瀛海勉痴子《错中错》传奇、观剧道人《极乐世界》传奇和余治《庶几堂今乐》（又称《劝善杂剧》）等大量趋向雅化的剧作。与此同时，清代戏曲创演的主流倾向却是以花部为代表的大众化的俗的高扬。李玉《人兽关》和朱素臣等苏州派曲家标记工尺谱、角色分配的众多梨园抄本剧作，李渔《闲情偶寄》和《笠翁传奇十种》，唐英多改编自梆子腔的《古柏堂传奇》，清中叶以后的一些末流剧家为迎合市井观众而创作的大批市井趣味的

---

[1] 今知蒲松龄撰作杂剧作品有《闹馆》、《钟妹庆寿》、《闹窘》（包括《考词九转货郎儿》）3 种，均为堪称雅品的案头之曲。而其《聊斋俚曲》具有独特的形式，则是通俗戏曲作品。《聊斋俚曲》共 15 种，其中《富贵神仙》《磨难曲》《姑妇曲》《慈悲曲》《翻魇殃》《寒森曲》《禳妒咒》7 种改编自《聊斋志异》故事，《墙头记》等其他 8 种则是根据社会现实生活或历史故事重新创作的。

[2] 胡适曾为民国整理刊行本《缀白裘》作《序》称："《缀白裘》的编者也很能赏识当时流行的俗戏，所以这十二集里居然有很多的弋阳腔、梆子腔、乱弹腔的戏文，使我们可以考见乾隆以前的民间俗戏是个什么样子。这是《缀白裘》的一个很大的贡献。"（参见蔡毅编著《中国古典戏曲序跋汇编》，第一册，齐鲁书社 1989 年版，第 486—487 页）

地方戏曲等，均反映了明人徐渭、沈璟、王骥德等人所倡导的本色论的日渐盛行。在这种雅俗对峙、并行互补的总体生态环境下，清代戏曲审美在民间赏剧日盛、商业演出繁荣的影响中逐步实现了由雅向俗的整体转向，尤以花雅争胜、雅部衰亡、花部兴盛、京剧诞生为标志。

如前所述，清代戏曲演出极其繁盛，不仅令清宫皇家对戏曲演剧娱乐活动情有独钟，而且刺激了民间戏楼戏园的迅猛增长、演剧活动的高潮迭起、戏曲商演竞争的白热化，还加剧了昆腔、高腔、秦腔、京腔等诸多声腔的激烈竞争。乾嘉以降，戏楼、戏园蜂起，为市井百姓、贩夫走卒观戏提供了便利，也吸引了大批豪绅、官吏、旗人、文人等参与其中，使得清代观剧群体较之前代大为扩展。各类观众群体的多元审美趣味和戏楼、戏园为吸引观众而采取的多种商业行为，均使得清代戏曲的思想内容、表演习惯、品评标准等审美要求和审美风习发生了俗化、大众化、色技为主等显著变化，即由宫廷向民间、由达官向百姓、由案头向演员、由言辞向技艺倾斜，最终导致地方戏曲的胜出与京剧的诞生。京剧以其高度严整和美化的表演规范、技艺精湛且名扬海内外的优秀演员群体，以及明白晓畅、贴近市井、通俗易懂的程式之美代表了清代戏曲发展的最高成就，再创了清代戏曲的辉煌，其中，俗化是其最耀眼的因素。

综上，清代戏曲审美的雅俗观念变迁，经历了清初的"崇雅黜俗"、清中叶雅俗对峙并存、晚清俗胜雅衰的嬗变历程，反映了清廷"崇雅归正"的政治文化统治策略随着中央集权的逐步衰落而在戏坛日渐式微的社会现实，也反映了征实性、教化性的戏曲文人化进程在与观赏性、娱乐性的戏曲大众化本质的较量中日渐衰退的戏曲本体特征，呈现出清代社会审美变迁的多样化格局。

情理对峙，由情向理，是清代戏曲审美的思想路向。

较之明代戏曲以情致胜的主潮，清代戏曲审美转向了对儒家伦理道德及事理之"理"的复归和向乾嘉以礼复理学术思潮中礼学、礼教之礼的归拢，在创作与表演两途均呈现出情理对峙、由情向理的整体态势。换言之，清代戏曲虽在清初时承明余绪仍强调情，却更多强调忠孝廉节等广义伦理，并到清中叶及其后更在推崇汉学、经学基础上强调以理为主的戏曲功能观。

如前所述，清初戏曲虽仍有儿女情长之剧作，却多为以儿女之情起兴，表彰忠臣孝子，表现家国兴亡，高呼理义。孔尚任《桃花扇》、洪昇《长生殿》乃至吴梅村《秣陵春》、嵇永仁《续离骚》等名篇佳作，虽均有男女主人公儿女情长的表现，但情都被置于超越个人的广阔时代思潮背景之下，名为言情，实为抒写理、节、义，蕴藉着丰富而深厚的历史思考与人生哲理，寄托着曲家浓烈的赤子之情与人生感慨。检视清初曲作可知，纯然表现儿女情长的风情剧作已退出主导地位，表现家国兴亡、忠臣孝子、伦理风化之作取而代之，这都是清初戏曲由情向理转向的明证。及至乾嘉之后，经历了清初宋学对晚明心学的清算，清代学术更发展至汉宋之学并存、汉学尤尊的阶段，随着心学的消歇，戏曲中的主情观更彻底被主理观取代。此期戏坛，既有被其后人杨恩誉为有"阐圣贤之风教"之功的杨潮观《吟风阁杂剧》，次有以忠孝节义为题的夏纶《惺斋五种曲》（即《无瑕璧》《杏花村》《瑞筠图》《广寒梯》《南阳乐》），复有表彰忠臣良将的董榕《芝龛记》，还有主张情理交融互补的吕履恒《洛神庙》、张坚《梅花簪》、钱维乔《鹦鹉媒》等，均强调以理为主。对此，时人杨恩寿、查昌牲、王步青、黄叔琳、石光熙等人均有明断，足见彼时儒势之大及其对戏曲观影响之深。此外，乾嘉以降，清儒对礼高度尊崇，凌廷堪倡导"以礼复理"，曾国藩主张"归之以礼"，以礼为正。礼学在学界的再度复兴，强调"发乎情而止乎礼义"，在戏曲领域则重视戏曲对礼乐、礼数、礼制、礼教的作用，导致戏坛涌现出以礼复理的戏曲观，主张以礼来规情复理。对此，时人宋廷魁自序《介山记》、蒋士铨自序《香祖楼》、李调元自序《雨村曲话》、陈钟麟《红楼梦》传奇凡例、冯肇跋黄韵珊《居官鉴》、郭俨《青灯泪》传奇叙等作中亦皆有主礼正情之论。

在清人的上述戏曲创制中，言情虽并未被彻底否定，但所言之情俱归于风化、教化，情理互见、情礼交融观念中的理、礼日渐占据标准地位，处于上风，昭示了明代以来戏曲的主情观逐渐被主理主礼观取代，也显示了明季心学的衰微、清代理学的重振及式微、清中叶以后汉宋之争的思想学术轨迹在艺术审美嬗变中的强大影响。具体而言，清代戏曲审美的情理对峙、由情向理的转向主要源自三个方面的影响。一是清初实学思潮与朴学思潮。明清易代，学术思潮由空谈心性之虚向经世致用之实转变，顾炎武力倡文益天下的儒学观，戏曲受此影响生发出强烈的教化倾向，学界的朴学思潮更使得戏曲题材选择向历史与时事倾斜，并呈现考据化趋势。二是清人对戏曲本质的认知。李渔、孔尚任承继了明人娱乐为主的较为原初的传奇观，夏纶、陈学震等则主张以现实生活、真人真事为对象，远离娱乐，而强调戏曲移风易俗、补救世道人心的功用。三是我国儒家思想传统与古典文学咏史传统。儒家五经素以现实主义风格著称，历来被视为群言之祖，我国历代文学无不将"宗经"奉为圭臬，因此，以信而有征的正统观和温柔敦厚的诗教观为代表的现实主义思潮始终主导着中国文学的发展走向。正是在这些因素的影响下，清代戏曲一方面因日渐正统化、诗化、案头化而得以被清廷推尊为曲体，另一方面也因此而逐渐脱离了戏曲原初的娱乐性和通俗性，激化了雅部与花部的矛盾，加剧了清代戏坛花雅之争的残酷性。

文质对峙，由文向质，是清代戏曲审美的基本路向。

文、质可谓贯穿中国美学发展史的一对基本的审美范畴。从审美的角度看，文即铺锦列绣、纤秾绚烂、雍容华贵的华丽之美，是气贯于内、神注其中的审美化、艺术化的文采格调；质即深沉醇厚、平淡自然、返璞归真的素朴之美，是不假藻饰、无须渲染的自然化、简约化的本色风貌。具体到中国古典戏曲审美，文、质作为一对基本审美维度，关涉自然、社会、政治、经济、文化等诸多因素，关涉创作、呈现、表演、欣赏、接受等诸多环节，始终影响着历代曲家的创作与表演，主要表现在剧本创作与表演形式两个方面。从剧本创作的文学角度而言，戏曲创作的背景、主体、题材、原则、价值指向及其接受等文学活动均对戏曲剧本的思想内容、艺术形式、整体审美风格影响深远，使其文本具备或文或质或文质兼备的品格风范；从表演形式的艺术角度而言，戏曲演剧之中的语言艺术文学性与舞台艺术表演性、写实与写意、天然与人工、文人化与民俗化、雅与俗等诸多并存而对峙的关系及其饱满的张力,也直接影响了戏曲演剧活动的格调风貌。清代戏曲作为古典戏曲发展史上的又一个高峰,其审美上承前代戏曲审美传统,也呈现出文质对峙、由文向质的基本路向。

明清易代之际,承晚明余绪,侧重文美的戏曲剧作层出不穷、彪炳史册;与此同时,通俗浅显的戏曲语言风格也得到空前重视,侧重于质美的传奇作品亦如雨后春笋般涌现。及至清中叶以后,戏坛更出现改写中国戏曲史的重要文艺现象——花雅之争。降及晚清,京剧更于地方诸腔中脱颖而出,雄霸剧坛。

综览清代曲坛,文质兼备的佳作频出,其中,侧重文的格调的既有洪昇《长生殿》、孔尚任《桃花扇》,又有清代宫廷南府戏曲,更有蒋士铨、曹锡黼、孔广林、徐燨、张坚等人的戏曲作品,尤以洪昇、孔尚任的戏曲为代表;侧重质的风貌的既有李渔《笠翁十种曲》,又有以李玉为首的包括朱素臣、朱佐朝、叶时章、毕魏等人在内的苏州派戏曲作家的作品,更有在花雅之争中最终胜出的花部乱弹。清代曲坛在文质审美观上的实绩,正缘于其理论的多元与实践的多向。洪昇的创作显然与汤显祖归于一途,既侧重于华丽之文,又兼有素朴之质;孔尚任则基于对戏曲创作的基本规律的深入认知,并出于文人立场而对戏曲的文美更为青睐。较之洪、孔等人重文的戏曲创作,李渔、李玉、焦循等人则走向了文质对峙的另一端——对质美的张扬。兼有戏曲美学大家与著名戏曲作家两种身份的李渔,继承并创造性地发展了前人的思想观点,首先从戏曲发展的实际中概括出了富于个性的戏曲风格论。与之呼应,李玉、朱素臣等苏州派曲家亦将由浅见深、以质为美奉为自己的创作追求,形成与李渔美学思想相近的审美主张与自觉追求。随着花雅之争的渐次展开，硕儒焦循更在对元杂剧的爬梳考辨中发掘出最贴近中国古典戏曲本质的戏曲本色审美风格论，这一理论建树在花部戏曲的创作和表演中一再得到验证。

透过这些文质并存的戏曲作品和理论探索不难见出，清代戏曲审美总体上呈现出由文向质的转向。这种文质转向经历了从李渔《闲情偶寄》在理论上对戏曲通俗性、娱乐性、大众化的系统总结，到李玉等苏州派曲家在实践上对以洪昇、孔尚任为代表的文人戏曲雅化创作的反动，再到焦循从审美风格角度对元杂剧等中国古典戏曲所具有的本色传统在花雅争胜历史条件下的发扬光大，最终确立了古典戏曲追求质美的自觉性和戏曲在中国传统审美文化中的地位。

花雅之争中花部最终取胜，为中国传统戏曲的发展历程暂时画上了一个句号。花部取胜的原因正在于其对戏曲通俗性本质的张扬和对表演性、娱乐性特征的强调与实践，其根本就在花部戏曲审美精神的返璞归真和美学风格的质美本色。扩大到整个戏曲发展史来看，花雅之争中花部的胜利，正如雅俗之争中俗的胜利、情理之争中理的胜利一般，是中国古典戏曲审美中文、质这对审美范畴中质美对文美的胜利，是在雅俗、情理、花雅、文质的此起彼伏、对峙并存、相反相成、相辅相成之中建构起来的戏曲美学的矛盾统一、融合辉映、色彩斑斓、绚丽多姿的审美体系。从某种意义上讲，正是雅俗、情理、花雅、文质之间的对峙与角力，成就了中国古典戏曲否定之否定的辩证的螺旋式上升，成就了中国古典戏曲各美其美、美美与共、魅力无穷的万千气象。

南北对峙，由南向北，是清代戏曲审美的区域路向。

中国艺术之美历来有南北之别。南北审美的趣味之别，源自我国辽阔的幅员、众多的人口、悠久的历史、多样的民族、复杂的环境、多元的文化等诸多因素。南北审美趣味的差异虽于历朝历代各擅胜场、此消彼长，却始终并存于中国美学发展史中，共同铸就了中国光辉灿烂的古典文明。具体到中国古典戏曲而言，审美趣味的判然有别、南北对峙，以及由此带来的南北戏曲给予观众的迥然有别的审美感受，均由来已久且更显直观。

明人王骥德曾简要概述了戏曲声调南北对峙的历史："（北曲）入元而益漫衍其制，栉调比声，北曲遂擅盛一代；顾未免滞于弦索，且多染胡语，其声近噍以杀，南人不习也。迨季世入我明，又变而为南曲，婉丽妩媚，一唱三叹，于是美善兼至，极声调之致。始犹南北画地相角，迩年以来，燕、赵之歌童、舞女，咸弃其捍拨，尽效南声，而北词几废。……至北之滥流而为《粉红莲》《银纽丝》《打枣竿》，南之滥流而为吴之《山歌》、越之《采茶》诸小曲，不啻《郑》声，然各有其致。"[1]此外，他还对南北戏曲的审美特点进行对比、加以剖辨："北主劲切雄丽，南主清峭柔远。北字多而调促，促处见筋；南字少而调缓，缓处见眼。北辞情少而声情多，南声情少而辞情多。北力在弦，南力在板。北宜和歌，南宜独奏。北气易粗，南气易弱。"[2] "南词主

---

[1] 王骥德：《曲律·论曲源第一》，载《中国古典戏曲论著集成》，第四集，中国戏剧出版社1959年版，第55—56页。

[2] 王骥德：《曲律·总论南北曲第二》，载《中国古典戏曲论著集成》，第四集，中国戏剧出版社1959年版，第57页。

激越,其变也为流丽;北曲主慷慨,其变也为朴实。惟朴实故声有矩度而难借,惟流丽故唱得宛转而易调。"[1] 王氏之论非虚。徐复祚、黄图珌亦均曾从不同角度详述南北戏曲审美趣味之别,徐复祚称:"我吴音宜幼女清歌按拍,故南曲委宛清扬。北音宜将军铁板歌《大江东去》,故北曲硬挺直截。"[2] 黄图珌则称:"北曲妙在雄劲悲激,南曲工于委婉芳妍。"[3] 南北戏曲的上述审美趣味之别,直接诱发了观众对其审美感受的巨大差异,诚如明人徐渭所言:"听北曲使人神气鹰扬,毛发洒淅,足以作人勇往之志,信胡人之善于鼓怒也,所谓'其声噍杀以立怨'是已;南曲则纡徐绵眇,流丽婉转,使人飘飘然丧其所守而不自觉,信南方之柔媚也,所谓'亡国之音哀以思'是已。"[4] 正是南北戏曲的这种差异使得中国古典戏曲绚烂多姿、丰富多彩,始终保有鲜活的民族色彩与旺盛的生命力。

不特如此,清代更发展出数量众多、丰富程度远甚于前代的地方戏种,在中国古典戏曲发展史中一以贯之的南北审美趣味之别的基础上,更升级而演出花部乱弹的百花竞放、群英荟萃的火热局面,展现出鲜明的地域性特色。如前所述,早在康乾之际,

---

[1] 王骥德:《曲律·总论南北曲第二》,载《中国古典戏曲论著集成》,第四集,中国戏剧出版社1959年版,第56—57页。

[2] 徐复祚:《曲论·附录》,载《中国古典戏曲论著集成》,第四集,中国戏剧出版社1959年版,第246页。

[3] 黄图珌:《看山阁集闲笔·文学部》,载《中国古典戏曲论著集成》,第七集,中国戏剧出版社1959年版,第143页。

[4] 徐渭:《南词叙录》,载《中国古典戏曲论著集成》,第三集,中国戏剧出版社1959年版,第245页。

高腔、秦腔、梆子腔、襄阳调、安庆梆子、二黄调、弦索腔、柳子腔等极具地方色彩的清代地方戏便已勃兴。尽管这些地方戏曲的前身多为农村社火中的草台班子的歌舞表演、民歌小曲和民间说唱，但它们往往既相互影响又各具特色，发展势头十分强劲，最终造成花部乱弹与雅部争胜的格局。值得注意的是，在清代戏曲史上著名的花雅争胜、花部胜利、京剧独尊的独特景观背后，潜藏着一条隐性的清代戏曲审美南北对峙、由南向北的嬗变轨迹。

南北戏曲审美的对峙突出表现在彼时南北剧坛地方戏曲演剧活动的广泛兴盛和演剧剧种的缤纷繁富上。北方剧坛有山西晋中秧歌、河北定县秧歌、东北二人转与蹦蹦戏、河北落子、鲁南拉魂腔与二夹弦等今天评剧的前身剧种，南方剧坛则有湘鄂皖苏的花鼓戏、江西采茶戏、滇川花灯戏、苏浙滩簧等今天花鼓、黄梅戏、扬剧、淮剧、锡剧、沪剧、越剧、婺剧的前身剧种。南北剧坛戏曲演剧活动均十分兴盛，对阵叫板皆劲头十足，而演剧剧种尤以南方剧种为多。

南北戏曲审美的差异则突出表现在彼时各地方剧种的发展过程与波及区域之中。前述诸种地方戏中，高腔风格粗犷、流传甚广，是弋阳腔与各地民间音乐结合的产物，远播赣、皖、苏、浙、湘、闽、粤、川、鄂、冀、豫诸省；山东柳子戏、河南曲子戏与越调、河北丝弦戏等弦索腔起于豫、鲁，声势浩大，影响波及南北各地，南至苏州、北至北京；梆子腔、秦腔兴于晋、陕，流传鄂、赣、粤、闽、苏、浙、川、滇、黔诸省；皮黄腔则由西皮、二黄结合而成，鄂称楚调而皖称徽调，其中西皮自梆子腔、襄阳腔而来，二黄则自弋阳腔经徽州腔、青阳腔、太平腔、四平腔再经吹腔与拨子而来，远播南北各地。尽管上述地方戏曲诸腔的影响波及海内南北各地，但都力图以自身的审美趣尚进京打擂、引领戏坛审美风尚，最终由京剧融合西皮、二黄、昆曲、京腔、秦腔诸腔定尊于清廷戏坛。可见，清代各地的地方戏曲正是在南北对峙中交相辉映、逐步融合，最终实现由南向北、主导戏坛的审美蜕变的。

第三节　书法审美中的现代性因子

一、善画书家的革新追求

第一，重创新、反泥古、自立门户的艺术革新精神。

清代前期，宋明理学"存天理、灭人欲"被清廷延续为官方正统哲学，凡是有违这一正统思想的观念和行为均被视为异端，不仅不为清廷所重，甚至一再受到正统派的排挤、打压。表现在艺术领域，便是师古、拟古、泥古成风。在这种境况下，扬州八怪在承继前人传统的基础上，于书体和笔法、字法、章法、墨法等书技方面全面展开了前文所述的诸多艺术新创。这一群体性书学新创之举，既体现出书法本体自身发展的根本需求，也体现出书家主体重创新、反泥古、自立门户的艺术创新精神，其深层内核中则蕴藉着中国古代传统哲学精神的泽溉和晚明以来思想解放潮流的影响。

从书法本体来看，扬州八怪自立门户的群体性书学新创，在取法上打破帖学独大的局面，博采众家之长，首开师碑之先声，其实质乃是对贵族馆阁艺术的痛诋和革新,这是书法本身发展的趋势。书法发展至清朝中期,虽有清初王铎、傅山、朱耷、石涛等人的筚路蓝缕之功,却终因书学观念不为清廷所重、难为主流认同而一度沉寂,导致其时帖学式微,馆阁泛滥,碑学未继,书法艺术亟须寻找新的出路。扬州八怪于此时异军突起,在书体、书技上开拓创新,实为时势所致。从这种意义上讲,与其说是扬州八怪的藐视权贵、独抒性情成就了其新奇怪异的书法艺术,毋宁说是其时的书法自身发展选择了代表上追秦汉、碑帖结合的发展新方向的扬州八怪。

  从书家主体来看,扬州八怪自立门户的群体性书学新创主要源自三个方面:首先源自其相近的经历与趋同的心理,他们往往都经历了仕途的失败,过着拮据的生活,有着孤傲的性格,存着怀才不遇、渴望被赏识、渴求自我表现的心理,因此,他们的书法理论和创作实践都强烈地蔑视正统法度、勇于离经叛道、反对比附时风、崇尚高扬个性,而其作品也往往呈现出强烈而鲜明的个性风貌,具有惊世骇俗的视觉和思想冲击力;其次源自其强调创新、敢于创新、善于创新的共同艺术追求和崇尚自由与个性解放的艺术精神,他们在书法创作技巧上往往是既认真学习古人又绝不拘泥于古人,既敢于摆脱传统中某些束缚创新的因素,又擅长将自己的独特感悟与创意适时植入书法作品之中,进而创造出别具一格的独特艺术风貌;再次源自其作为书画兼工的书画家群体的共同身份,他们以画入书、书中有画的艺术创制,拓宽了书法和绘画发展的艺术领域,丰富了各自的艺术风格,有效推进了书画商品化、市场化的步伐,加速了书画艺术由雅入俗的转型进程，为书画艺术跨越式大发展更广阔的发展空间撬开了最具革命意义的潜在市场需求。

从深层内核探寻，扬州八怪自立门户的群体性书学新创潜藏着两种审美潮流。其一是传统哲学精神的泽溉。扬州八怪作为清廷统治下的布衣、寒士，受儒家影响，他们或以道自任，充满社会批判精神，郑燮、李鱓、李方膺居庙堂之高而心系黎民百姓，金农、黄慎、罗聘等处江湖之远而不忘民间疾苦；或修身明道，作品既平易近人、通俗易懂、富于生活气息，又个性鲜明、情感真挚、饱含人文气息；受佛道影响，他们思想上往往仕隐交替，既胸怀修齐治平、荡平天下之志，又怀抱洁身自好、明哲保身之心，更时露出尘绝世、青灯古佛之想，充满矛盾。这些士人独具的特质无不彰显着儒释道传统人文精神对他们的思想行为和艺术创制的泽溉。其二是晚明以来思想解放思潮的影响。扬州八怪自立门户的群体性书学新创之举，实际上是在清廷高压的文化政策下所爆发出来的书法艺术革新。明末以来，李贽、顾炎武、黄宗羲、傅山、石涛、朱耷等人就持续不断地挑战着宋明理学这一官方正统思想对思想解放的打压和对艺术创造的禁锢。扬州八怪很好地继承了这一传统，并在师法古圣先贤的基础上自立门户，郑燮称"学者当自树其帜"[1]，金农亦称"同能不如独诣"[2]，他们秉持融汇古今、尚怪求变的创造精神，以新奇怪异的书法创举，将自然的朴拙之美、社会的新奇之美、金石的历史之美、生

---

[1] 吴泽顺编注：《郑板桥集》，岳麓书社2002年版，第302页。
[2] 金农：《冬心先生画竹题记》，清乾隆刻本。

活的世俗之美等，统统寓于笔端，由具体物象迹化为审美意象，展现了个体书家借由实践撷取美并进入自由状态的艺术创制过程，有力地震荡了其时临摹成风、无病呻吟、死气沉沉的书坛，具有深刻的思想解放和艺术突破意义。

第二，重人本、反桎梏、个性解放的人文精神选择。

从书法本体来看，扬州八怪个性解放的群体书学新创必然与书法艺术发展规律及当时涌动的个性解放思潮密切相关。在中国古代美学史上，缘情始终与言志并立发展着。自先秦至六朝完成文论生成以来，情本论始终在历代美学思想和艺术实践中辗转流播，影响甚巨。[1] 明清之际，李贽童心说以"赤子之心"的真，高举自然人性论的反传统"异端"大旗，借由汤显祖"生者可以死，死可以生"[2]的情本美学理念和石涛"我之为我，自有我在""我自发我之肺腑，揭我之须眉"[3] 以及袁枚性灵说中反理学、反桎梏的理论探索与艺术实践，使情本论得以在明清美学中再次彰显，形成与理学对峙的思潮。扬州八怪个性解放的群体书学新创，正是基于这一理论背景而产生的。

从书家主体来看，扬州八怪个性解放的群体书学新创之举，为清代书坛送去缕缕清风，其书艺、书作与清廷贵族及馆阁书派背道而驰，也与时流之帖学书风格格不入，被目为"偏师""怪

---

[1] 参见杨明刚、甘璐《"情本论"由先秦至六朝的文论生成》，《理论界》2008年第5期。

[2] 汤显祖：《牡丹亭·题词》，黄山书社2001年版，第1页。

[3] 道济著，俞剑华标点注译：《石涛画语录》，人民美术出版社1962年版，第28页。

物",但就是这些"偏师""怪物",却为民间争传,识者藏鉴。作为反礼教、反保守、反复古、反僵化的异军,他们的新创实为蔑视正统、挑战法度之举,挞伐桎梏、张扬个性之举,冲决束缚、解放思想之举,自觉为之、刻意探求之举,其旨归正在情本追求和人本精神。正如六朝知音文化是对中古经典阐释的独立评价、对中古人文精神的自主选择和对人类主体意识的审美提升,扬州八怪的群体书学新创也正是扬州八怪对书法艺术革新的独立认知、对情本书学精神的自主选择和对书家主体意识的自觉提升。[1]以郑燮书作观之,其六分半书、柳叶体的创制及以兰竹之笔入书,均"领异标新二月花",昭示着其追求真、情的艺术鹄的、蔑视功名的人格境界和淡泊利禄的高风亮节。金农、李鱓等人书作亦然。可见,他们新奇怪异的抒情、写神、写意的书作创制,无不闪耀着个性解放的书学精神和人文主义的辉光。

从深层内核探寻,扬州八怪个性解放的群体书学新创所呈现的尚怪求变的审美潮流与书学精神,是由明入清的士人、书家尚真求趣的浪漫情怀在清代中期的承继与发展。若说王铎、傅山、朱耷、石涛等人的书学追求还停留在自发的、模糊的审美追求与探索,那么,扬州八怪对书学精神的发扬光大则已成为他们自觉的、有意识的、明确的审美追求。自此,清代书学开始有意识地去探索新的形式和内容,清代书学的审美追求也越来越走向自觉。从这个意义上说,这一演变不能不说是清代书学乃至整个中

---

[1] 参见杨明刚《中古人文精神的透析——从演绎中的六朝知音文化谈起》,《华中科技大学学报》(社会科学版) 2010 年第 6 期。

国古代书学发展历程中的又一次质的飞跃。而这一审美意识的嬗变在书法审美实践和书学审美理论上所彰显的表现自我、标新立异的主张再次掀起个性解放思潮的回归热潮,并得到了社会文化的广泛认可和推崇,对当时和后来的书画发展产生了深远影响。

第三,重现实、反正统、由雅入俗的市民美学追求。

从书法本体来看,扬州八怪由雅入俗的群体书学新创是书法商品化、世俗化的历史趋势的必然结果。扬州八怪所处的时代,商品经济发达,城市贸易繁荣,书画商品化、艺术功利化成为常态,书法成为一门普遍世俗化的艺术。随之而来的是新兴市民阶层的崛起和市民意识逐步形成,世俗的市民审美观也开始自觉形成。扬州八怪敏锐地觉察到这一新变及其间蕴藉的书法艺术世俗化新动向,紧扣时代脉搏,变雅为俗,迎合这一新兴阶层的审美需求,其由雅入俗的群体书学新创就成为觉醒的市民审美意识的世俗艺术代表。

从书家主体来看,扬州八怪由雅入俗的群体书学新创首先源自其作为首批以书画谋生的职业书画家的特殊身份,既是对恶劣的生存境遇的无奈屈就,也是对盐商等富商大贾审美趣味的屈辱让步,更是由"书画自娱"到"书画娱人"的尴尬转变。而这种无奈、屈辱和尴尬的根源,则是商品经济大潮对寒士、名士的重农抑商、耻于言利的士大夫价值观和现实境遇的强烈冲击,重义轻利的儒家规范被全线突破。其次源自扬州八怪对商品经济所致书画世俗化以及自身职业书画家身份的自觉接受,以及对当时新兴市民阶层颇具心灵觉醒意义的、带有浪漫主义精神的、反教条、反做作、喜新好奇的审美意识的精确把握。郑燮的板桥体、金农的漆书、汪士慎的失明狂草、高凤翰的左手书，这些在正统观念看来怪诞奇异的书学创制，既反映了买家审美趣尚和市民阶层审美观，也反映出他们的人格追求和市民文化需求。尤其是金农的书法，不仅以舍弃帖学直取碑版的精神奏响碑学前奏，而且借取民间写经、雕版木刻等传统书艺手法，是扬州八怪由雅入俗的群体书学创制和自觉探索的典范。

从深层内核探寻，扬州八怪由雅入俗的群体书学新创有着深刻的思想根源：一方面他们的出身、地位、处境乃至职业书画家的身份决定了他们与市民阶层之间的密切联系，也决定了他们对市民审美趣味的熟稔，更决定了其多数书作的市民阶层趣味；另一方面，其笔墨豪放、不受拘束的书学创制和所代表的书法艺术走向，反映了商品经济发展下新兴市民阶层反传统、反束缚、求个性、求解放的思想要求，完全符合资本主义萌芽的进步要求，颇具启蒙价值。正是基于这两方面的原因，尽管这种由雅入俗的群体书学创制因无法被清廷贵族和正统书派认同而在当时地位低下，但他们扎根现实生活并顺应历史潮流，最终以雅俗共赏的书法创作，在后世实现了自己的价值。

二、碑学书家的革命意识

第一，重复古，尚质朴，刚健雄强。

从书学背景来看，清代碑学书家群体创制具有强烈的反正统倾向和艺术叛逆意识，其矛头直指被清廷尊为正统的帖学书艺及其后潜藏的官方赋予书法艺术的功利化倾向和政治教化意味，表现为鲜明的书学复古倾向。碑学勃兴中始终伴随着反清的民族情绪，涌动着反奴役、反压迫的朴素情感。从傅山等晚明遗民书家对浪漫书风的承继到扬州八怪狂放怪诞、突破常格的创制，无不呈现出反抗清廷思想文化奴役的不屈不挠的意志。从郑簠师法汉碑、复兴汉隶，到邓石如上追秦汉、复兴篆书，从杨沂孙引金文入篆、篆籀相融到吴昌硕取法《石鼓文》、"强抱篆隶作狂草"[1]，无不以书坛复古之举，张扬着反驳官方正统帖学标准的不趋时流的审美逆反心理。从傅山"四宁四毋"到扬州八怪"学一半，撇一半"，从阮元的南北书派论到包世臣"肆力北魏""以六朝门户开迪后来"[2]，从吴昌硕"贵能深造求其通"[3] 到康有为"吾眼有神，吾腕有鬼"[4]，碑学书家的群体创制与理论开掘，无不弃刻帖而求碑石，由唐碑而及北魏，由秦汉而溯商周，在取法新途、书体变革与审美转向三个方面的书学传统溯流中一古再古，不断探索、呐喊、发扬，其中既饱含着国运、书运靡弱之际的变革图强的民族心理，更蕴藉着自主自觉、深沉郁结的书学革命精神。

  从书法本体来看，书法艺术自六朝以降不断成熟，帖学妍美书风取代质朴之美始终盘桓于书坛主流地位，及至清代更被统治者尊为官书正统审美标准，并随着书艺创新精神被清廷思想文化政策钳制和扼杀，逐步走向馆阁体程式化的死途。在书坛风气日

---

[1] 吴昌硕：《吴昌硕诗集·何太贞太史诗书册》，华东师范大学出版社2009年版，第194页。
[2] 马宗霍辑：《书林藻鉴　书林纪事》，文物出版社1984年版，第231页。
[3] 吴昌硕：《刻印》，载《吴昌硕诗集》，华东师范大学出版社2009年版，第8页。
[4] 康有为：《广艺舟双楫》卷五，商务印书馆1937年版，第91页。

渐僵死的氛围中，碑学书家乘清代学术复古之风，借助朴学、金石学、文字学的考古成果，以质朴之美为标，全面梳理、重新品定了被历朝排斥于正统之外的书家、书作，发起了一场旨在挑战清廷设定的妍美标准的碑学运动。从这个意义上讲，碑学之兴本身就深蕴着推动书学进步的时代精神；碑学的复古也绝非普通意义上的复古主义，而是对刚健雄强的质朴壮美复归的呼唤与追求，包含着承继与创新的全新体验。一方面，碑学书法反柔靡、尚质朴、重阳刚的审美趣向是对日趋滑熟靡弱、圆润流畅的帖学书法的革新与救赎。在实践创制上，碑学书家大力复兴篆隶书体，取篆、隶、北碑之雄强笔势入行、草书作，以其雄强、刚健、古朴、粗率以救帖学甜俗之弊，为书法作品注入了磅礴气势和刚健之美，使得书法艺术重放异彩，再次走上生机勃勃的发展路径；在理论建构上，碑学论家不仅一力高扬复古尊碑的变革大旗，而且致力于探索古碑刻源流，追溯远古书家典范，以确认今人学碑经典范例，并以古为尚，剖析碑学笔法特征，架构碑学理论体系，论证碑学审美风格，确立碑学经典地位，最终建构起碑学这一全新的书法经典体系，正是在这一新的书学思维方法指导下，清代书法艺术才找到新的艺术源泉，达至新的高度。另一方面，碑学复古求新的书法创制是对清廷尊帖学为正统、变书法为思想钳制工具的隐性反叛与有力回击。从某种意义上讲，碑学以新奇多变的手法和刚健质朴的作品实践了变革图强的书学追求，以机智的非暴力不合作方式取代了帖学的主流地位，使得清廷寄寓帖学的功利化倾向与政治教化目的最终落空，成就了足与千年帖学并立的书法高峰。

从书家主体来看，清代碑学名家主要有三代：第一代为碑学先声期书家，以郑簠、傅山、朱彝尊、郑燮、金农为代表；第二代为碑学勃兴期书家，以邓石如、伊秉绶、阮元、包世臣、张裕钊、何绍基为代表；第三代为碑学大盛期书家，以吴熙载、赵之谦、杨沂孙、杨守敬、吴昌硕、沈曾植为代表。

第一代碑学书家上追秦汉，郑簠、朱彝尊等人直接取法汉碑、复兴汉隶，首开碑学之先声；傅山则明确标举"四宁四毋"[1]这一新的审美法则，以强烈的个性和大胆的创新寄情书法，挥洒国破家亡之痛、颠沛流离之苦、愤懑抑郁之气，成就了清初艺术领域对正统思想的反叛、乖离的审美突破；郑燮、金农等扬州八怪更异军突起，首开师法唐碑之风，其标新立异、狂狷不羁的创作实践和以疏野、怪癖、陋丑为美的书学理论，都强烈地蔑视正统法度，勇于离经叛道，反对比附时风，崇尚高扬个性，而其作品也往往呈现出强烈而鲜明的个性风貌，具有惊世骇俗的视觉和思想冲击力。

第二代碑学书家取法秦汉魏碑石刻，邓石如一反帖学审美取向，勤摹碑版，创制出"上掩千古，下开百祀"[2]的碑学名作，虽被京师帖学卫道者斥为"不合六书之旨"而被逼离京，却仍不改初衷，"偏师争与撼长城"[3]，以沉雄朴厚、劲健磅礴的篆隶

---

[1] 全祖望《阳曲傅先生事略》载："宁拙毋巧，宁丑毋媚，宁支离毋轻滑，宁直率毋安排。"参见杨明刚《书为心画：尚"真"求"趣"的生命情怀——晚明入清书家书法审美意识》，《书法》2014年第7期。

[2] 康有为：《广艺舟双楫》卷二，商务印书馆1937年版，第37页。

[3] 包世臣：《论书十二绝句》，载《艺舟双楫》，中国书店1983年版，第84页。

成就了碑学书法的勃兴局面，撼动了正统帖学的主导地位。

第三代碑学书家更溯流至商周，杨沂孙醉心金文，吴昌硕钟情石鼓文，碑学书法蔚为大观。三代碑学书家均以复兴篆隶为己任，取法唐碑，师法北碑，上追秦汉，远溯商周，复古出新，使清代形成与秦汉并立的碑学高峰。

从深层内核来看，书法是民族精神的迹化，清代碑学取法由唐碑而至六朝碑版、由北碑而至秦汉刻石、由商周金文而至殷商甲骨甚至原始陶文，体现着鲜明的复古意识与怀旧情绪。清代碑学书家对帖学当道、书风靡弱的局面无疑是不满的，然而让他们不满的绝不止于此，而应该是造成这一衰靡局面的根源——满族代汉的华夷之变及其令人谈之色变的文字狱与思想控制。这种基于文人修齐治平的担纲意识的愤懑不平，势必与清廷高压的文艺专制形成强烈的冲突。摄于清廷淫威，为保身避祸计，碑学书家们的不平则鸣，被迫以智慧的、别样的甚至扭曲的形式呈现。批判的矛头直指僵化的馆阁体，进而扩及被清廷尊为正统的帖学，甚至指向其师法源头——刻帖；批判的角度足以让清廷愕然，直接攻击正统帖学引以为傲的千年传统，称法帖不古，刻帖假古，汇帖翻刻，全无古法；批判的手法更直接以比帖学更古、更久远的经典碑石书法为师，复兴篆隶、北碑，并借助朴学、金石学、文字学所提供的广阔视域与碑版实物，建构新的碑学经典体系，以更古抑假古，复古出新，堪称高妙。可以说，在碑学书家看来，复古是反清、反奴役、反正统的投枪匕首，充满着批判精神与革命意识。而这种追源溯流、一路复古的书学现象，根源在中国古代文人一脉相承的尚古传统与崇尚经典的民族情结，源头在中华民族生生不息的农耕文化与根深蒂固的经验哲学。

第二，重碑版，尚朴拙，金石重光。

清代碑学书家群体创制具有苍茫朴拙的金石气，其中蕴涵着碑学书法浓重的尚质求朴意识，是清代碑学迥异于帖学的书卷气的典型特质。金石气这一术语最早由刘熙载在书论品评中使用，他在《游艺约言》中说："书要有金石气，有书卷气，有天风海涛、高山深林之气。"[1] 所谓金石气，顾名思义，是指出土的金石文字在当年制作时所留下的独特的审美特征，是相对于帖学的书卷气而言的。

从书学背景来看，清代碑学苍茫朴拙的金石气与当时特定的学术文艺思潮密切相关。清代帖学式微，书坛渴求变革，而金石学兴盛则为碑学书家提供了大量字势雄强的金石范本，顺应了书法发展的创新要求，成为金石气及其蕴涵的尚质求朴审美意识风行书坛的时代诱因和直接成因。清代金石学滥觞于顾炎武《金石文字记》，继之则有钱大昕、武亿、洪颐煊、严可均、陈介祺的金石研究专著和王昶的类书《金石萃编》。自此，朴学兴起、金石学独立，金石碑版大量面世，在对古文字真实形态的认识和尊碑书风形成两方面启发了清代书家思路，促发了迥异于帖学和馆阁书风的碑学崛起，张扬了古朴沉雄、恣肆狂放的书法审美格调。出土金石、碑石上的北魏书法和篆隶成就凌跨数代，并为行、草书的发展注入了新的活力，成为清代书道中兴的标志。伴

---

[1] 刘熙载著，刘立人、陈文和点校：《刘熙载集》，华东师范大学出版社1993年版，第572页。

随其间的，就是苍茫、浑厚、朴拙的金石气在碑学书法中重放光芒。

从书法本体来看，清代碑学苍茫朴拙的金石气必然与书法艺术发展的内在规律密切相关。二王帖学在东晋以降的千年书坛中始终占据着主流地位，致使古朴、粗率的碑刻书风一度停滞，客观上也为碑学书法留下了广阔的开掘空间，成为清代碑学苍茫朴拙的金石气及其蕴涵的尚质求朴的审美意识风行书坛的内在动因。作为一种全新的审美范畴，金石气给予了清代书坛思维新创和新的美学启迪，其特质实为南北朝及其以前的金石碑刻书法所表现出的审美特征和审美趣味，既包含金石书法形态的宏观格局和整体气象，又包括借由千年自然风化和风雨蚀变所造成的鬼斧神工的奇特美感、笔墨之外的天然美，还包括借由能工巧匠们在奇伟诡谲的特殊自然环境里的巧夺天工、匪夷所思的人工创造，所欲彰显的则是以苍茫、浑厚、朴拙为特质的另一种审美风格。具体而言，这种金石之美的艺术源泉有三：其一是视觉冲击的空间张力。碑拓的立体构图中，黑白反差强烈，内敛外拓的视觉张力中蕴藉着峭拔倔强的书学品格。其二是风化斑驳的自然造化。风雨蚀变、金石残损使得碑拓线条粗率苍茫、文字奇拙含蓄，沧桑朦胧的意象之美中蕴藉着古朴雄强的书学追求。其三是刀刻斧凿的巧夺天工。刀斧刻就的碑拓文字力感充沛、质美凝重，刚健方正的意匠之美中蕴藉着铮铮铁骨的金石神采。整体来看，金石气当是一种雄郁之象，一种浑穆之气，也当是一种粗犷之美，一种朦胧之美，一种天然之美。较之于充满书卷气的帖学书风，金石气的碑学书风以其浑厚朴拙之力与金石重光之势而倍显超拔俊逸、雄壮崇高，代表了清代书学的最高成就，为古代书法的发展指明了路径。

从书家主体来看，清代碑学的几代书家均十分注重书作金石气息的理论把握与实践获取。在理论把握上，三代碑学书家均认为，欲使书作具有金石气韵，务必使线条具备力度感、立体感和韵律感，予人以雄奇、壮伟、自在而又脱俗、超逸、峻劲之感，诚如傅山所言："楷书不知篆隶之变，任写到妙境，终是俗格。"[1] 亦如包世臣所概括："北碑字有定法，而出之自在，故多变态。"[2] 其结构奇逸丰茂，变化多姿而出之自然；其风格苍劲古朴，气象浑厚、骨肉丰美、烂漫天真、神气完足；其丰富的内涵，浪漫的气息，使人百看不厌。书作的金石气息被他们具象化为四个方面：既在点画线条之质朴厚重，又在结体章法之峻峭稚拙，还在神采风格的飞扬灵动，更在气韵滋味的高古不群。而这些也都是清代碑学书法审美的理想风格的主要内容。包世臣曾总结过北碑的一些特点，如"极意波发，力求跌宕""茂密雄强""画势甚长，雍容宽绰""出之自在，故多变态"等，并对北碑雄奇、恣肆、古拙、生涩的美学风格展开了深度阐发。康有为也曾将清代北碑特征归为十条，即"魄力雄强""气象浑穆""笔法跳跃""点画峻厚""意志奇逸""精神飞动""兴趣酣足""骨力洞达""结构天成""血肉丰满"。包、康二人的这些阐发其实既是对碑学书法审美风格和审美理想的最佳总结和概括，又可视为对

---

[1] 傅山：《霜红龛集》卷三七，载《清代诗文集汇编》，第二十五册，上海古籍出版社2010年版，第496页。

[2] 包世臣：《历下笔谭》，载《艺舟双楫》，中国书店1983年版，第80页。

金石气之具象内涵的最佳注脚。在实践获取上，如前所析，傅山、郑簠、金农、郑燮、邓石如、伊秉绶、何绍基、杨沂孙、吴大澂、吴昌硕、沈曾植等人均以金石气息为目标，在篆隶书体的复兴，取法碑版的变革，以及笔法、字法、章法、墨法等法度创新诸多方面展开具体的书学创制与创新探索，一反帖学线条的柔媚规范，师法风化、斑驳的碑石拓片，改变执笔、运笔方式，甚至改变调墨法与纸张，力求厚重、苍茫、浑穆的书法效果，取得了丰硕的成果。他们对金石气息的深刻把握与创制实践，无不体现着主流风尚的审美转折与审美心理的时代嬗变，既是对千年帖学正统审美的自觉反叛，也是对雅人深致的书卷气息的有力补充。

从深层内核来看，清代碑学萌兴于国运、书运的低谷。其时国力积弱、民不聊生、矛盾激化，社会上充斥着富国强兵、变革图强的呼声。在此背景下，碑学书家迎合了这一社会需求和时代要求，将民族求强的心理需求融入书作，创制出大批刚健雄强、高古质朴的碑学书作，在书坛广为流播。于是，刚健雄强、铮铮铁骨的金石之美逐渐取代柔靡甜滑、姿媚圆润的帖学之美，成为新的时代风尚，苍茫朴拙的金石气及其蕴涵的尚质求朴意识随之成为新的书学审美趣尚。这种新的审美趣尚，不仅凸显着书家冲决专制、力求解放的人文精神，而且折射出当时西学涌入、维新在即的时代变局，是碑学书家变革图强的革命精神在书法艺术美上的凝聚与熔铸。

第三，重俗化，尚意趣，自由意识。

较之帖学，清代碑学书家群体创制植根于民间书学传统，重俗化、尚意趣,将书法拉下清廷所尊的正统圣坛,具有明显的去贵族化、去经院化、去功利化、去雅化倾向,蕴涵着深刻的自由意识,反映了清代整体俗化的社会风尚。

从书法本体来看,清代碑学的俗化意趣与自由意识首先表现在取法上的非名家化。如前所述,碑帖之别首在取法,帖学往往取法经典名家法帖,而碑学则如康有为所言,多取法乡间野处出土或发现的不知名的碑石刻书,或得之于"山岩屋壁、荒野穷郊,或拾从耕父之锄,或搜自官厨之石",或"流观汉瓦晋砖而得其奇",不仅三代碑学书家共同尊崇的北碑出自民间的"穷乡儿女造像",而且"江汉游女之风诗,汉魏儿童之谣谚"皆可入书,甚至"能择魏世造像记学之",即可自学成为书家。[1] 碑学大家邓石如也不例外,其书力戒帖学专尚一家之弊,遍临秦金、汉印、碑额、瓦当、砖款等民间碑刻,取法多样,书风新奇。这一变革可谓碑学革命性的重要表现。

从书家主体来看,清代碑学的俗化意趣与自由意识突出表现在四个方面。书家结构方面,碑学书家群体以平民书家为主流,傅山、郑簠、金农、郑燮、邓石如、吴昌硕、李瑞清等碑学名家无不出身平民;书学追求方面,碑学书家群体往往远离庙堂,坚守品格,既不以书法干禄,也不迎合经院官书;书作临习方面,他们刻意搜求残碑断碣、墓志、画像石等难入正统法眼的碑石,终日临池不辍,以此为乐;理论建构方面,他们挑战帖学正统权

---

[1] 以上观点散见康有为《广艺舟双楫》卷一、卷四、卷五,商务印书馆1937年版。

威，为民间碑刻书法著书立说，谋求书坛地位。正是这种俗化意趣和自由意识将书法拉下圣坛，植根民间，使碑学书法走向百姓，得以拥有广泛的创作、赏鉴、传播群体，极大地推动了碑学的兴盛。

从深层内核来看，清代碑学的俗化意趣是对清廷官方正统帖学书法的贵族化、经院化、雅化的反动与叛逆，其所体现的去贵族化、去经院化、去雅化倾向，充分展示了碑学书家反清的民族情感。清代碑学的自由意识是对清廷功利化的反驳与抵抗，其所体现的去功利化倾向，再次佐证了前述"碑学是传统帖学的匕首投枪"的论断，是在剥离清廷负载于书法之上的种种思想钳制、文化桎梏的政治教化功能之后对书法艺术的一次解放，充分展示了碑学书家反奴役、反压迫的革命精神。更进一步讲，清代碑学书家对碑学书法的美学思想及其蕴涵的俗化意趣和自由意识的探索，标志着碑学书家群体的书学审美自觉，与晚明遗民书家尚真求趣浪漫书风、扬州八怪尚怪求变书学变革中重自然、崇性灵、尚质求朴的书学精神一脉相承，实为书法复归于非功利艺术领域后个性化、人性化、人本化的回归；其所反映的清代整体俗化的社会风尚，则昭示着书法源自民间，亦必回归民间、植根民间才能不断发展的书学规律，代表着书学革命的正确方向。

三、馆阁书学的中和异化

清代馆阁体成为清廷官方正统意识在书法领域的异化代言，其审美意识基调是中和，实质却是中和的异化。其书学实践重普及、尚皇权，功能与形式均趋异化，一面以精丽秀媚、端雅中正的形式美承载着清廷赋予的实用化、功利化的各项功能，标举着清廷崇尚中和的官方审美基调，强化着清廷对书法领域的正统思想控制；一面以日趋正体化、程式化的异化书写，妄图抹杀书家个性化的书学创造，扭曲书法艺术发展的正常轨道，实则为官方正统书学意志不断培育着掘墓力量。

从书学背景而言，作为异族代汉的政权，清廷为寻求统治合法性、奠定并巩固思想正统地位的思想控制与政治教化，加强了对文化艺术领域的皇权意志渗透和官方正统代言培植。而清代书法领域的大格局是：书道中兴，帖碑二分，引领主流；与帖学尚雅求正的正统书风、碑学尚质求朴的复古书风并行的，还有晚明入清书家尚真求趣的浪漫书风、善画书家尚怪求变的变革书风等。在这种背景下，出于利益的考虑，清廷一方面骑驴找马，迅速介入书坛阵地，尊帖学为正统，崇尚中和的审美基调，启动官方对书坛的正统控制；另一方面另起炉灶，加紧培植自己在书坛代言人和代言书体的步伐，最终选定馆阁体作为官方正体书法。

从书法本体而言，清代馆阁体的大肆流行抹杀了晚明遗民书家那种生机勃勃、富有冲击力的风格，将书风导入靡弱、僵化。对此，清人洪亮吉曾言：

> 今楷书之匀圆丰满者，谓之"馆阁体"，类皆千手雷同。乾隆中叶后，四库馆开，而其风益盛。……窃以谓此种楷法，在书手则可，士大夫亦从而效之，何耶？本朝若沈文恪、姜西溟诸人之在圣祖时，查詹事、汪中允、陈奕禧之在世宗时，张文敏、汪文端之在高宗时，庶几卓尔不群矣。至

若梁文定、彭文勤之楷法，则又昔人所云"堆墨"书也。[1]

周星莲更称它"其实不过写正体字，非真楷书也"[2]。包世臣、康有为亦对之颇多非议、大加攻伐。此后论者更是一提及馆阁体即嗤之以鼻、语多讥诮，或称其仅有实用性、全无艺术性，或以为其要求过于严苛，虽形式很美，却因走向工整化、程式化的极致而显得过于规整、流于呆板，鲜有新意，给人以千人一面之感，其流弊日益泛滥，既为士人仕进之途的障碍，又是束缚书家手脚、阻碍书艺发展的罪魁，甚至将帖学大衰之责全部归咎于馆阁体。可以说，清代馆阁体几乎始终处于被人诟病、批驳的境地。这些论点代表了碑学笼罩下书家对帖学书风的普遍非难，虽不免对馆阁体苛责太过，亦可从侧面窥见馆阁体在清代流播的盛况。在馆阁体于乾隆年间定型之前，被清廷尊为书坛正统的帖学书法创制出不激不厉、平和简静的审美观，即中和，书法守中和，主平和静穆，具有强烈的功利化倾向和政治教化意味。随着馆阁体在清代广泛普及、大肆盛行，这种中和为美的书艺基调被广泛认同，书坛走势亦日渐趋向正体化、功利化、实用化、程式化，这四大审美倾向既是中和这一超稳定审美趣味对清代书法艺术渗透的畸形、异化，更是清廷借助馆阁体对书坛各种力主雄浑恣肆的新变力量、崇尚偏激的异端思想的强行打压。馆阁体已俨

---

[1] 洪亮吉著，陈迩东校点：《北江诗话》卷四，人民文学出版社1983年版，第66页。
[2] 周星莲：《临池管见》，载上海书画出版社、华东师范大学古籍整理研究室编《历代书法论文选》，上海书画出版社1979年版，第725页。

然成为承载皇权之中和审美意趣的异化代言。

　　从书家主体而言，馆阁体书家主要有两类：一是皇族重臣，二是科举士子。前一类书家是馆阁体书法的倡导者和馆阁体法度的立约人，出于抚民安政、粉饰太平的政治需要，他们不仅在自己的书学创制中谨守端严雅正、温柔敦厚的馆阁法度，而且对馆阁法度的严苛程度不断加码，甚至将一切不依从此法的书学创新均视为异端，大加攻伐。比如，乾隆年间，汪由敦秉承皇权的中和审美意趣，将馆阁体法度定型为"黑、方、光"三字诀，开启了馆阁体程式化的历程；又如复兴篆隶、开掘碑学的邓石如，由于在书学创制中坚决反对帖学传统和馆阁法度，受到了京师以翁方纲为首的馆阁书家的极度排斥，被迫愤然离京；再如道光年间，曹振镛主持科考时，惯喜搜寻疵累忌讳，开启了晚清科场专重书法且百般挑剔的风气。尽管这些都只是特例，却足以显露出皇族重臣一类的书家对皇权审美的卫道自觉。后一类则是馆阁体书法的实践者与馆阁法度的顺从者，出于求取功名、谋官干禄的个人需要，他们不得不屈从于严苛的馆阁法度，极力追摹时风，演练应规入矩、了无生趣的雕琢排列，生恐在科举应试的大卷和白折中因偏旁有误、使用碑帖别体、点画出格越界、卷面涂改不洁等影响录取结果，以求高中举业、光耀门楣。这种情形下的书作，自然也就成了既无颜骨、又乏欧韵的墨猪奴书，全无个性和创造力可言，至于书法艺术的审美自觉则更无从谈起，只能走向畸形异化一途。

　　从深层内核而言，馆阁体被选为清廷官方意志的书坛载体之后，始终配合着清廷的统治需求，唯皇权马首是瞻。清廷将皇家审美趣味全盘灌入馆阁体，强行普及流播，使之成为清廷政治教化的有力工具。一是与蒙童教育挂钩，在教育领域普及，对民间学童展开教育驯化，在推广书法的名义下，妄图将书法个性和创造力扼杀于摇篮，以实现其顺民培育自孩童抓起的构想；二是与科考选官捆绑，在人事领域普及，对科举士子展开利诱、奴化，以铨选人才的名义，以功名利禄的诱惑，将书法的独立品格全面抹杀，把书法发展的大势纳入清廷政治教化的体系中，实现其牢笼天下士子、奴役智识阶层的用心；三是与公文典籍直通，在文化领域普及，对书法的美感取向进行扭曲、异化，在强化基本功的名义下，妄图以繁文缛节的书写规范和以此规范书写的传之后世的文化典籍转移民众视线、转嫁深层危机，力求将书法艺术的多元取法、多样追求一统于堂皇中正的馆阁书风，实现其粉饰太平的渴求。正是在清廷皇权意志的强力介入下，馆阁体逐渐由独立沦为附庸，由艺术堕入实用，其书法艺术功能严重萎缩，甚至被异化为政治教化的帮闲。如果说清廷将馆阁体与书学教育关联还含有普及书法教育、为书法创制奠定基本功的正向意义的话，那么，将馆阁体与八股文并列、与科举制度捆绑、与公文典籍直通，则直接导致了馆阁体书法堕入程式化的恶途，使书法由艺术而退居实用，彻底沦为附庸，更是书法艺术的悲哀和大不幸。

  总之，清代馆阁体书法所蕴藉的审美意识是对清廷官方的中和的审美基调的异化。这种异化迥异于帖学、碑学等并行其时的其他书体美学，一再为人诟病；但正是因着这种异化的存在，中和才得以在清代各类书体的衍变与发展中根深蒂固、一贯始终，成为名副其实的基调。从这个角度来讲，馆阁体对中和审美基调的异化有其历史意义。

第四节　文艺审美现代性潜变趋向

小说、戏曲、书法、绘画等文艺作品、器物和创造物是作家、曲家、书家、画家在特定时代的心灵标本,是人类精神世界的绚烂折射。真正的文学艺术来源于社会生活和人生苦难,也源自作家、曲家、书家、画家等创造主体的心灵与情感。因此,文艺史、器物史、创造史就绝不仅仅只是思想史、文化史,更应当是创造主体的心灵史与情感史。任何创造主体都生活在特定的时代氛围之中。社会现实塑造了创造主体的心态,并由此形成造物者主体个性的差异性与创造物客体形态的多样性以及时代审美意识的多元化。据此可知,任何时代的审美意识的嬗变历程,当是时人尤其是作为文艺作品、器物和创造物的创造者而存在的创造主体,将其受社会现实影响而形成的情感、心态通过或酣畅淋漓、或深含不露的方式寄寓在小说、戏曲、书法、绘画等创造物之中,进而影响和促成时代审美风尚变迁的过程。显然,我们可以从历代丰富多样的文艺作品、器物和创造物中看到彼时多姿多彩的时代生活画卷,也可以从中窥见造物者主体所寄予在创造物中的主体心灵与审美旨归。据此,对美学思想与审美意识嬗变历程的研究就无法逾越对创造物的创造主体的情感和心态变迁的考察。由于人的情感和心态的变迁往往是渗透式的、潜变的,美学思想与审美意识的嬗变也就自然具备了渗透和潜变的特质。基于这一思考,循着这一理路,以创造物为载体,以创造主体为中心，以揭橥创造主体的心灵世界和情感经历为主旨，将文艺、历史、思想、文化、经济、社会、生活融为一体，不难发现，清代美学思想与审美意识的嬗变亦具备这一渗透和潜变的特质。

一、由典雅向世俗

首先，清代文学美学思想与审美意识的嬗变呈现出显著的由典雅向世俗的渗透和潜变的特质。

小说、戏曲堪称清代文学的杰出代表。如前所述，中国传统小说、戏曲发展至清代达到了巅峰，这使得清代文学审美意识丰富而多元，尤以世俗为尚。然而，由典雅向世俗的审美转向并非一蹴而就，而是一个渗透式潜变的过程。这一特质既可从传统小说、戏曲发展的历史稽考中得以体察，亦可从清季小说、戏曲自身的演进方向中得以呈现。

仅以小说为例，清代小说作品数量众多，文言之外，尚有大量白话小说和层出不穷的笔记小说，或反映清代波澜壮阔的社会生活，或细腻表现青年男女之儿女情长，或记载彼时社会各种逸闻趣事，满卷世俗情怀，皆为普通百姓普遍接受、津津乐道，甚至文人雅士也手不释卷，成为清代文娱生活的亮丽景观，这足见世俗审美在清代之风行。然而，无论是从清代还是从整个中国文学史来看，小说世俗审美取代典雅审美都经历了曲折而复杂的渐变历程。

从中国文学史来看，小说一词在中国已有两千余年历史，首次出现于先秦《庄子·外物》"饰小说以干县令"。庄子眼中的小说即"琐屑之言"，虽与后世小说内涵颇有差别，却长期影响了后世对小说属性的认知：一是内容多为"寓言异记"，价值较低；二是文体重要性难与诗词相匹，难登大雅之堂。小说源自口头文学，汉置稗官，专集"街谈巷议，道听途说"，唐宋传奇虽多以文言写就，却被称为"说话"，依然是主要反映市民阶层与贵族豪门矛盾和市民阶层的愿望和要求，并以娼优、婢妾、匠人等生活在社会底层的人物为正面人物的市民文学最具民众性。明清以前，小说一直为士大夫阶层鄙视，未登大雅之堂，以致小说作者均不署真名。

及至明代中后期，新的小说观念渐显端倪：一是小说地位逐步提高，小说审美价值开始为文人称赞，李贽、冯梦龙、公安三袁、金圣叹等俱为倾心拥护小说的明达之士，冯梦龙从激发感情、感动人心的效果出发直称"不通俗而能之乎"，金圣叹六才子书更将小说戏曲与《史记》《庄子》《楚辞》相提并论，置于儒家经典之上，以为"言非小道，实有可观"；二是小说功能逐渐多元，小说的娱乐消遣作用更加明显，成为区别于儒家经典对文学作品"成教化，助人伦"功效要求的另一审美期待，打破了将小说贬为"闲言语"的诋毁，清人更明确标举"小说者何，别乎大言言之也""最浅易、最明白者，乃小说正宗也"的新型小说观念。

正是这种新型审美期待和审美观念的演进，促成了小说文体在明清两代的崛起，使之在清代受到众多士人的严肃对待。这主要表现为以下几点。

一是小说文体地位提升。有清一代，文士们不仅大量参与小说创作，而且理直气壮地署名。除《聊斋志异》《红楼梦》《儒林外史》之外，或如李渔创作《十二楼》《连城璧》等小说，或如沈起凤创作《谐铎》，或如李海观创作《歧路灯》，或如李百川创作《绿野仙踪》，或如李汝珍创作《镜花缘》，或如文康创作《儿女英雄传》，或如陈森创作《品花宝鉴》，或如魏秀仁创作《花月痕》，出现鲁迅所言"盖传奇风韵，明末实弥漫天下，至易代不改也"[1]的繁盛现象。近代梁任公等人更据此称"小说为文学之最上乘"，将小说地位抬至文学殿堂之巅。

二是小说形式转向浅近。清人李渔对小说受众与小说形式的关系曾有明确定位："传奇不比文章，文章做与读书人看，故不怪其深；戏文做与读书人与不读书人同看，又与不读书之妇人小儿同看，故贵浅不贵深。"他更进一步对诗文与词曲的形式之别作了比较："诗文之词采贵典雅而贱粗俗，宜蕴藉而忌分明；词曲不然。"[2]可知清人已对小说形式有了向浅近转向的审美预设。由此，清代小说便在语言和意象创构等小说形式上具备了两大突出特征：小说语言由文言而白话，日趋通俗化；创作方法由类型向典型，日趋复杂化。小说语言由文言向白话的转向和所呈现的"谐于里耳"的鲜明征候，反映了文人重雅轻俗的传统审美观念在清代的动摇与变化，也意味着文学为读者、观众等大众服务的意识已深入人心。意象创构由类型向典型的转向和所呈现的"杂色""独特""反复循环"的多元特点，反映了清代文人突破单一化与类型化的传统写法、不囿于善恶两极简单定性、注重人

---

[1] 鲁迅：《中国小说史略》，人民文学出版社1973年版，第146页。
[2] 李渔：《闲情偶寄》卷二，江苏广陵古籍刻印社1991年版，第23、18页。

物性格刻画、以缀段式结构表现人物之间的复杂关系的审美表现新创,也意味着意象的丰富、多元、复杂、饱满等意识在清人创作中普遍受到认同。

三是小说内容转向世情。较之之前的传奇小说,明清小说多以商人、手工业者、小贩、艺人、妓女、医卜星相、书办衙役、三姑六婆、和尚道士、流氓乞丐等普通人物为主人公,而不再仅仅集中在帝王将相、达官贵人、英雄豪杰、神仙鬼怪上,反映的也多为百姓喜闻乐见之事,如社会人情事理、民众日常生活、凡人各类琐事等,描写的重点转向表现饮食男女的人情与世情上,呈现的范围也由男女之情扩展到各种复杂的社会关系和新兴的、突破程朱理学的思想内容,其中尤为突出的便是对女性的讴歌与赞美,这类小说颇具世俗情怀,俗称世情小说。清代世情小说的繁盛,反映了清代文学审美意识对彼时思想领域中盛行一时、居于官方正统的程朱理学的反动与突破,以女性形象的正面提升为代表的小说创作更承载着清代冲击传统陈腐之见的新兴审美观念。

四是小说创作方法趋向多元。清人小说在写作手法和主题结构等方面的小说创作实践与理论总结上均取得重大成就。以写作手法论,既有金圣叹等人对前代小说创作的方法总结,又有曹雪芹《红楼梦》等名著对小说写作手法的开拓。

金圣叹在点评《水浒传》时,已经意识到其成功源自其多元写作手法,认为该书"有许多文法,非他书所曾有",并总结出诸如倒插法、夹叙法、草蛇灰线法、大落墨法、绵针泥刺法、背面铺粉法、弄引法、獭尾法、正犯法、略犯法、极不省法、极省法、欲合故纵法、横云断山法、莺胶续弦法等写作手法，点明了这些写法对丰富人物意象营构、调动读者想象力、强化读者审美情感、增强小说可读性与趣味性的突出作用。

曹雪芹《红楼梦》、吴敬梓《儒林外史》等则在创作实践上采用丰富多彩的笔法，赋予小说文本以波澜壮阔、言有尽而意无穷的美感，予人以丰富深邃的审美感受。以主题结构论，清代小说尤以长篇小说见胜，不仅主题明确、着眼世情，而且布局谋篇大都成竹在胸、从容不迫，堪称标杆。吴敬梓作《儒林外史》"如匠石之营宫室，必先具结构于胸中，孰为厅堂，孰为卧室，孰为书斋灶厩，一一布置停当，然后可以兴工"，"书中之有泰伯祠，犹之乎江汉之有敷浅原也"。曹雪芹《红楼梦》则于丰富多彩的写作手法之外，既有鲜明主题，"全部最要关键，是'真''假'二字"，"虽是说贾府盛衰情事，其实专为宝玉、黛玉、宝钗三人而作"；复有完满结构，一百二十回可分作二十一段看，大段落套小段落，夹叙别事、补叙旧事、埋伏后文、照应前文，"祸福倚伏，吉凶互兆，错综变化，如线穿珠，如珠走盘，不板不乱"，内在结构严密，主题结构俱呈登峰造极之势；所写对象包罗万象，"上自诗词文赋，琴理画趣，下至医卜星相，弹棋唱曲，叶戏陆博诸杂技，言来悉中肯綮，想八斗之才，又被曹家独得"，堪称一部文化艺术的百科全书；所现审美意境丰富异常，或繁华富丽，或缠绵悱恻，或口吻毕肖，或景随身转，或尽吐牢骚，或因色悟空，或章句有法，或深入浅出，令"阅者各有所得"。凡此种种，均铸就了其亦真亦新亦文的鲜明特色，既具时代思想性，又无雷同之弊，更在语言文字上做到雅俗共赏。[1]

综上，清代小说对人情世故、百姓生活的关注无以复加，其着眼市民需求的世俗情怀促成了其语言、写法、结构、主题等方面的世俗转向，彰显出强大而独特的生命力。

二、由正统向野逸

清代艺术美学思想与审美意识的嬗变呈现出典型的由正统向野逸的渗透式潜变特质。

书法、绘画是清代艺术成就的标志性门类。书法、绘画是造型艺术，以笔墨形式直观表现书家、画家的感官体验；又是审美活动，饱含着"心灵在审美活动中所表现出来的自觉状态"[2]，与文学、建筑、园林、器物等文艺形式密切相连又迥然相异；也是综合性意识形态，既蕴涵政治、经济、风俗乃至宗教等多种意识内容，更蕴藉着丰富的审美意识内容，"具有时空上的广阔性和社会因素上的复杂性与丰富性，因而它能在更广阔、更深刻的意义上给不同类型的观赏者以启示"[3]。书法、绘画作品则是书家、画家艺术经验和精神活动的结晶，蕴含着书家、画家深层的审美心理体验。当书家、画家开始展开书法、绘画活动时，其中所蕴含的审美心理体验就开始转变为审美意识而被保存下来。无

---

[1] 以上评语参见曾祖荫、黄清泉、周伟民等选注《中国历代小说序跋选注》（长江文艺出版社1982年版）中的《儒林外史序》《石头记序》。
[2] 朱志荣：《中国审美理论》，北京大学出版社2005年版，第129页。
[3] 陈隆金：《中国书法魅力与其人文精神》，《吉首大学学报》（社会科学版）1998年第2期。

论是交流需求、审美诉求，还是情感表达，这些体验均为书法、绘画艺术的存在与发展提供了情感动力和心理支持，并在书学、画学思维的主导下渗透到篆、隶、真、行、草、山水、花鸟、人物等各种书迹、画迹资料中。从这种意义上讲，书法、绘画作品是审美意识的视觉载体和传承媒介。具体到清代书法、绘画，源自清代书家、画家意象创制和表现法度的审美经验势必凝聚在清代书法、绘画作品中，作为独特的审美意识被保存下来，并作为精神财富"在不同的时间和空间中得以传承"[1]，奠定了民族审美传统和清代美学思想基础，并不断地被再创造，被赋予新内涵、展现新理想。较之其他艺术形式，清代书法、绘画作品作为清代审美意识的视觉载体和传承媒介，其意象创制和法度表现所蕴含的审美意识更为直观、本原，理应成为清代审美意识研究的重点所在。

  清代书法、绘画审美中存在着鲜明直观的渗透式潜变特质。与正统书画成为清代书画主流同时，世俗美术和独抒个性的审美思潮也在渐进中成为一股强有力的潜流。这一潜流滥觞于明中叶，至清代而发展得更为瞩目。中国书画史上有两种身份不同的书画家，一种是文人，一种是行家（职业美术家）。明中叶以降，思想文化界异端观点频现。与之相对应的市民文艺思潮和独抒个性的审美意识随之兴起。清季美术界承明余绪，书画中的世俗审美虽受占统治地位的思想文化影响，但在不同程度上接受了明末独抒性灵的个性解放思潮影响，直承徐渭的艺术风范和审美趣

---

[1]　朱志荣：《中国审美理论》，北京大学出版社2005年版，第129页。

味。随着大批文人沦为职业书画家，在供求关系的引导和制约下，他们的画作迎合了世俗的审美好尚。尽管这些职业书画家也有扎实的美术功底，但相比于正统书画对传统的继承和总结，他们更善于变化传统，大胆地取舍和扬弃传统，促成了传统书画的潜变：俗美术的雅化和雅美术的俗化，改变了传统书画雅俗之间泾渭分明的局面。嗣后，书画中雅的成分衰减，俗的成分递增，从清初到清末，这一进程日趋明显而自觉。郑燮、吴昌硕等以陶冶性情的书画为谋生手段，使得大雅者大俗。仅以书法论，康有为即说清代的书法有四变：康熙、雍正时，专仿董其昌；乾隆时，都竞相模仿赵孟頫；欧阳询的书法盛行于嘉庆、道光时期；北朝碑派又萌芽于咸丰、同治时期。这一观点虽不十分准确，但大体上符合清代书法因时世而推移的风尚，这种风尚的推移显然是清代书法审美意识嬗变的主流轨迹。

与此同时，清代书法审美意识的这种潜变轨迹，又具有明显的书画渗透的表征，突出表现在清代书迹尤其是扬州书画家书迹的书画相通性征上。清代书画关系迥异于前代之处有二：一是不仅以书法入画法，更以画法入书法；二是变诗、书、画三绝为诗、书、画、印四绝。

关于画法入书，清季书坛从朱耷、石涛到扬州八怪、赵之谦、吴昌硕，他们在创作中不再满足于传统的书家书法，而是在汲取碑学之长的基础上糅合绘画的意境情趣和造型观念，开创了前所未有的书风，同时也就使以书入画被赋予新的内涵，呈现出以画入书的新风貌。前文曾述及郑燮草创的六分半书，就具有浓浓的画意，是以画入书的典型代表。郑燮的兰竹画，无一笔不是隶楷笔法，其六分半书的竖笔、撇笔、点笔、捺笔中处处可见竹节、竹叶、兰花的形态。较之于朱耷、石涛和扬州画派其他诸家，六分半书作为画意最浓的书体，其画意不仅仅体现于个别字的结体和用笔中，更反映在其整体的章法行款之中。以如此书法题画，笔情纵逸，随意挥洒，苍劲绝伦，更给人以赏心悦目的和谐之感。汪士慎的书法也具有以画入书的特色。汪书多为行楷、行草，常见于题画中，又工隶书，写行草时含有隶意，又见画笔韵致，形成以画入书的独特风格。黄慎的书法更是以画入书的典范。黄慎以草书著名，更将绘画之长融入书法，于传统狂草外别开生面地创构了自己开朗跌宕、奇诡别致的独特风格。由于他是功力深湛的画家，对于布局的虚实、向背、疏密关系极为讲究，所以施之于书法，也就绝不类于一般书家之作，而是"书从画入、画从书出"。黄慎书法用笔多顿挫，笔笔、字字之间断而不连，意态活泼飞舞。从来狂草一路，大多连绵不断，一气呵成，所强调的是线；而黄慎一变传统，引入画意，所强调的是点。种种书法意趣均展示了书家深厚的画学修养。其余如较年长的李鱓，作画时有长题，字形随机变化，错错落落写满画面，其书画超拔脱俗，别具一格。此外，高凤翰、高翔、罗聘的隶书，李方膺的行草书，也都或多或少地含有各自画笔的意趣，与一般书家、书作风格迥异。

清代不少画家、书家兼为印人，他们借助金石学的成果，使画风、书品、印格一脉相通。譬如，清人程邃诗、书、画、印四全，为书必求新意，突出情趣，其书法贡献不亚于篆刻成就。其书点画多涩笔，笔势多横张、体多拙意，且惯以渴墨作书，又因其渴墨浓淡不一而使得线条多富内蕴。作为四全书家，其墨色和运笔的独特之处可能源自其领悟烟雾迷蒙的自然景色时的灵感触动。实际上，明代以前行草书虽流行，却无法被容纳在以刀代笔、以石为纸的方寸天地中，书法与篆刻的发展是分裂的。而清代以后，帖学趋于式微，篆隶北魏书大盛，碑学与以刀代笔、以石为纸的玺印艺术有一种本质上的契合。从某种意义上说，碑版是放大了的玺印，玺印是缩小了的碑版，这就使得书与印达到更高程度的契合，同时也就使得书与画达到更有机的契合。书画之外，出现了书画工艺化、工艺书画化的现象。可见字中有画，即书作中含有绘画技巧、画家匠意，诗、书、画、印会通，这既是善画书家群体书法的重要特色，也意味着清代书法、绘画审美意识潜变的互通性与渗透性。

三、由庙堂向民间

清代社会美学思想与审美意识的嬗变呈现出迟缓的由庙堂向民间的渗透式潜变特质。

清代社会虽居于整个中国封建社会的末世，但其社会经济、文化艺术乃至思想观念仍然处于向前推进的缓慢进程之中。在这一历史进程中，清代社会审美意识也显示出一条鲜明的由庙堂向民间的、迟缓的嬗变轨迹，呈现出渗透式潜变的特征。仅从清代文人生活这一独特视角出发，即可见出清代社会审美中的庙堂之雅逐步为民间之俗所取代的渐进过程。文人日常生活实为社会时代审美意识最集中、最直观的表征。总体来看，清代文人生活一面延续着千百年来中国古代文人生活传统，有着鲜明的庙堂之雅的特质，一面又开始向新兴的市民阶层生活情趣慢慢靠拢，逐步显现出对民间之俗的认同。这种介乎庙堂之雅与民间之俗的审美转向无疑是迟缓的，但同时也是全面而细致的，几乎波及观念、审美、创造等一切环节的方方面面。

一是观念的渗透式潜变，关乎义利观、人欲观、士商关系等方面。从义利观来看，清代文人摒弃了中国古代传统中"君子喻于义，小人喻于利"的义利截然相对的武断观念，不仅不反对言利，而且极其看重治生，毫不忌讳求利。对此，袁枚、唐甄、全祖望、陈确、顾炎武、杭世骏、黄宗羲等人不仅俱有名言，而且均身体力行。袁枚主张文人必须要懂"经济之道"，否则无以保持独立人格，而其本人也极善理财；唐甄亦称"我之以贾为生者，人以为辱其身，而不知所以不辱其身也"，颇具代表性；全祖望更借乃父之口直称"为学亦当治生"；陈确亦明确指出"唯真志于学者，则必能读书，必能治生"；顾炎武虽为一代大儒，却也生财有道、治生有术，家财百万；杭世骏贬职在家"买卖破铜烂铁"亦可为生；黄宗羲更提出"工商为本"的观点。前述诸例足见清代文人不以仰事俯育为耻、俱以重视治生为要的义利观念，显示出清代社会重视保全人格独立、思想自由的经济基础的时风。

从人欲观来看，清代文人一反中国古代传统中寡欲、禁欲、绝欲乃至"存天理，灭人欲"的理学思想，承继明代李贽等人主情主欲的进步思想，主张复归欲的人性本质。对此，陈确、毛奇龄、袁枚、王夫之、戴震、钱大昕、李调元、纪昀等人均有明断。循着对人欲理解的这一观念转变，清代文人对情的肯定与张扬、对淳美社会风俗的向往与赞美、对节妇的网开一面都形成一股强劲的社会时代风潮。清代小说戏曲中所塑造的李隆基、杨玉环、贾宝玉、林黛玉等诸多情痴、情种，均表明以清代文人为代表的时人并不以情欲为耻，反而认为情欲正是人之为人的人性表征，情欲之有无在某种程度上甚至堪称社会时风淳美与否的风向标。

从士商关系来看，迥异于前代对士商关系的绝对区分和士首商末的固化认同，清代文人眼中的士商关系呈现出截然不同的转变。或如沈垚等人所揭示的那样，认为四民不分，即清季士农工商之间已无明显界限，这一对士商界限的有意模糊极大地拉近了士商的思想和心理距离；或如赵吉士等所指出的那样，认为士商相混，即士商之间在思想、身份上均可互通互化，"天下之士多出于商"的现象在彼时不胜枚举；或如江氏、程氏、刘氏、吴氏等徽商家庭那样，直接"亦儒亦贾"，即秉持"贾为厚利，儒为名高"的兼得二者的儒商传统；或如归庄、刘于义、重田德、洪亮吉等人所指出的，认为"士不如商"甚至"弃儒从商"。可见，清代社会审美已彻底打破了彼时文人"万般皆下品，唯有读书高"的学而优则仕的传统，义利兼论、情欲合理、儒商互通等观念直接促成了整个清代社会审美由单一的庙堂之雅慢慢向民间之俗的渗透式潜变，恋世、适世、娱世的世俗化人生观也逐步取代超世、出世、厌世的雅化人生观。

二是审美的渗透式潜变，关涉以俗为美、以雅为俗两个路向。清代文人在义利观、人欲观、士商关系上的观念转变，直接诱发了其审美标准、审美趣味的转向，而其生活情趣的追求也由庙堂之雅趋向民间之俗，表现为其日常生活审美的世俗化趋势。

从审美标准来看，清代文人显然摒弃了中国古代文人传统中自视甚高的单一的以庙堂之雅为美、为高的崇雅避俗之好，摒弃了单一的吟诗作画、赏玩山水、把玩文玩的生活结构，开始在柴米油盐、衣食住行等万千俗事、琐事中寻求诗情画意的赏心乐事，使得日常生活的民间之俗亦成为绝妙好词般的审美对象，极大地拓展了清人的审美视野和清代社会审美范畴；其恋世、爱世之心已令传统庙堂之雅日渐俗化，民间之俗也随之日渐成为足与庙堂之雅相提并论的时代风尚和审美标准。清人从日常生活中发现的美，遍及琴棋书画等雅好之外的方方面面。或如金圣叹所领略的拔簪沽酒待友、夏日拔刀切瓜、佳瓷破损抛却、县官击鼓退堂、背地资助寒士等日常生活三十三件快意之事，或如李渔眼中读书、清闲、交友、论道、旅途、家居等日常生活的无处不乐、无事不乐，或如汪价所悟的泉声、丝竹声、小儿读书声、月色、雪色、淡妆真色、三分酒色等日常声色雅趣，或如张岱所言的精舍、美婢、娈童、鲜衣、美食、骏马、华灯、烟火、梨园、鼓吹、古董、花鸟、茶桔、诗书等生活爱好，或如袁枚所言的九大好，无一不是清人对日常生活的审美观照，无一不是清人由庙堂向民间的视野转向，无一不是清人由雅向俗的自觉体验。正是清人于闲暇而优越的日常生活中所体悟到的民间之俗与美，使得清代社会普遍存在着美在现世、美在此岸、美在当下的审美标准，也导致清代社会审美趣味随着清季文人雅集的密集传播普遍趋向世俗化。也正因着这种审美标准的逐步确立和这种审美风尚的日渐风行，清代小说、戏曲等俗文化的欣赏盛极一时、登峰造极，也使得清代书法、绘画等雅事开始频繁地走进市井百姓的日常生活，客观上促成了清代小说、戏曲、书法、绘画等文学艺术的繁荣与成就。

从审美心态来看，古代文人向来趋雅避俗，一般而论，雅即艺术、即美，俗即生活、即实，雅俗之别一直是历代文人心里艺术与生活之间的难以逾越的鸿沟。然而，这条鸿沟在清人那里却逐渐消弭以至不复存在。从傅山到郑燮，从晚明遗民到碑学书家，清人承明余绪，一面主张日常生活审美化，将俗雅化，一面主张审美日常生活化，将雅俗化，在弥合雅俗鸿沟、倡导雅俗结合的基础上对前述传统的雅俗之别勤加修正。这一修正的最为直接的成果即是以艺术商品化、艺术家职业化为标志的庙堂之雅向民间之俗的普遍转向。伴随着这种转向，清人的日常生活审美趣味几近于市井百姓，彻底完成了缓慢的由雅向俗的转变。

三是创造的渗透式潜变，关乎饮食起居等诸多方面。如前所述，清代文人在日常生活中发现了现世的、此岸的美，更在对衣食住行等日常生活的竭力讲究中通过将俗雅化、将雅俗化两种路径努力践行其日常生活审美化、审美日常生活化、世俗化的审美主张。

从服饰角度看，清人服饰呈现出由朴素向华美的转向，清中叶以降更以新为美、以奇为尚，在满足日常需求之外，不仅款式日新月异，而且细节也变化多端，尤以江南苏州、扬州、南京三地引领新奇潮流之风、引导服饰演变趋向，李斗曾谓"扬郡着衣，尚为新样"；款式之外，清人服饰还以色彩上的独到眼光著称，清人对色彩的细腻感觉既源自彼时染色工艺的发展，又源出时代风尚的变迁；款式、色彩之外，材质、用料、配饰乃至发型等也都备受清人关注。这一点在清代小说、戏曲、绘画等文学艺术中均有精彩呈现，反映了清人对于服饰之美的追求。

从饮食角度看，清人尤好口食之欲，文人尤甚；明末，张汝霖曾在杭州组建专论饮食的饮食社，并著《饕史》，其孙张岱亦曾著《老饕集》，李渔也曾作《饮馔部》，袁枚则有《随园食单》，余如李化楠《醒园录》、朱彝尊《食宪鸿秘》、薛宝辰《素食说略》、顾仲《养小录》、王士雄《随息居饮食谱》、周亮工《闽小记》、钱泳《艺能篇》等专司饮食之论的专门之书，深究饮食之美。

从居室角度看，清代文人追求自然、朴素、实用、别致，竭力使自己的居室处处赏心悦目，居住其间，时时心旷神怡。自然的追求是首要的，山石、清水、草木、花鸟皆为必备之物，诚如朱锡绶所言，清人居室大多"梅绕平台，竹藏幽院，柳护朱楼，海棠依阁，木犀匝庭"，力求与自然融为一体，"深柳读书堂""绕屋梅花""梨花院落""柴扉傍水""蕉窗桐屋"最受他们中意；实用且朴素是必须的，所谓"土木之事，最忌奢靡"，"无论精粗，总以能避风雨为贵"；因地制宜、曲折别致则是文人宅第的重要特征，在朴素实用之外，一切皆以雅趣为尚。清人对居室之美的重视，正是其关注现世生活的世俗之美的创造性落实。

从装饰角度看，清代文人更于实用舒适和富于个性两方面倾注大量心血，力求居住环境的匠心独运。清人屋宇或作斗笠状，砖面或磨光或自糙，窗栏亦透光玲珑、简单自然，更有借景娱己娱人之想；厅壁则浓淡得宜、错综有致，华素相间、虚实相宜；

室内陈设既求实用又图舒适，桌、椅、床、柜等往往既别致又适用，李渔曾以床生花、帐有骨、宜加锁、床着裙四法论床饰，处处见其用心；箱子、花瓶、香炉等生活器具亦求"斋无俗供"，别出心裁之巧构层出不穷；围屏、书卷画轴、茶具、笺筒、笔砚等更为文人骚客居室必备之物，林林总总、不一而足，器雅且精，摆设方位亦十分讲究，处处见美。

可见，清代文人对生活之美的追求几近痴狂，其中既反映出彼时市井社会和宫廷之内盛行的奢华之风影响广泛，也呈现出彼时因商品经济发展、市民阶层壮大、市民生活情趣受到普遍认同的风气所带来的社会生活时尚由简朴向奢华的剧烈转变，更显示出文人雅俗结合的生活美学对彼时日渐奢华的风气的纠偏意义。

综上，清代小说、戏曲等文学审美意识与美学思想由典雅向世俗转变，清代书法、绘画等艺术审美意识与美学思想由正统向野逸转变，清代衣食住行等社会审美意识与美学思想由庙堂向民间、由朴素向华美转变。这些转向既源自清代教育普及与思想传播的平民化与世俗化，又源自清代思想界、民间教育对儒释道三教合流及日渐明显的世俗化趋向的回应，也源自清代商品经济与城市经济繁荣所带来的商人阶层壮大、市民文化发展与商业文化兴盛，更源自清代文士及新兴市民阶层在矛盾而又和谐地存于一身的三教文化中的生命形态、心路历程。无论是文学、艺术的审美意识与美学思想，还是日常生活、社会各阶层的审美意识与美学思想，清代美学思想与审美意识的嬗变均由来已久且有其具体的时代背景，在中国美学史上留下一道道迟缓而浅显的痕迹。

第五节　文艺审美现代转型演进：以书法为例

民国时期，伴随着时代风云际会和社会新陈代谢，文艺发展呈现出多元竞进、五彩斑斓的蓬勃气象。此期文艺思潮呈现出流派纷呈、百家争鸣的多元性；与此关联，文艺创作亦于多样化探索中向纵深挖掘，创作实绩日渐丰硕，形成百花齐放、风格各异的创作流派；民族传统艺术保持旺盛活力，艺术上日益炉火纯青，并不断进行自我革新与现代转换；外来新型艺术异军突起，日渐勃兴，逐步实现民族化、本土化，为中华传统美学注入新鲜血液，为其现代转型植入显性表征。凡此种种，无不显现出文艺审美向着现代转型目标快速演进的整体趋势。篇幅所限，仅以书法艺术的演化进程为例，从一个截面一探中华传统美学现代转型的境况。

民国书学是中国书学史上一个短暂而特殊的发展阶段。尽管民国书学由于书法演进环境的骤变而在整体上不及前代，其由古典书学向现代书学转型的审美进程也因外源性、差异性、艰巨性和不彻底性等原因未能完成，但它仍然在特定历史条件下积蓄力量、谋求发展，是中国书法史中承前启后的重要一环。民国书学既有对传统书学成就的自然延续，又不乏对书法艺术诸多方面的开创性发展，成为古典书学向现代书学转型的转折点。[1] 民国书学的独特性，既源自清代以降书学衍变的历史传统，又源自清

---

[1]　孙洵：《民国书法篆刻史》，上海交通大学出版社2011年版，第1页。

末民初波澜壮阔的时代风尚，更源自书法艺术自身发展的本体规律。

一、书学生态略览

"一定的文化（当作观念形态的文化）是一定社会的政治和经济的反映，又给予伟大影响和作用于一定社会的政治和经济。"[1] 书学的发展与演进亦不例外。整体观之，民国短短三十余年间的政治、经济特点直接导致了这一时期文化思潮迭现、文化论战不断的丰富而复杂的历史图景，造就了民国书学最广泛、最深厚的生态土壤。政治上，民主与反民主的斗争异常激烈，民族危机深重，救亡运动高涨，多种政权并存，政治斗争异常尖锐和错综复杂，革命性质随着无产阶级登上政治舞台发生由旧民主主义转向新民主主义的变化。经济上，一方面是在华外国资本经济、国家和官僚资本经济、民营或私人资本经济、新民主主义经济、封建主义经济等多种经济并存，民族资本经济发展缓慢，封建经济在整个国民经济中仍占重要或主导地位；另一方面是地区之间、城乡之间经济发展不平衡。与之相应，民国时期的文化呈现出三大特点：一是新民主主义文化成为中国文化的出路与方向，日渐壮大；二是多种文化并存，文化斗争十分尖锐、激烈；三是文化发展极度不平衡。其主旋律虽无外乎民主与科学、以爱国主义为主流的民族主义二者，但文化思潮甚多，主要有西化思

---

[1] 毛泽东：《新民主主义论》，载《毛泽东选集》，第二卷，人民出版社 1991 年版，第 663—664 页。

潮、文化保守主义思潮、马克思主义思潮三种。三大思潮间斗争不断，文化论争此起彼伏，譬如五四前后的东西方文化论战、1923年的科玄论战、20世纪30年代的本位文化与全盘西化论战等，集中反映了彼时世界发展的潮流与国内各种势力的针锋相对。

不特如此，民国书学的发展与演进还受到彼时中国传统美学现代化转型的总体影响。这一时期，积弱已久的国力、落后挨打的现实强烈地刺激着胸怀天下、力图修齐治平的一代学人的振兴理想，使得救亡图存的治平初衷成为当代学人的共同学术背景，始终贯穿于中国美学研究之中。受其影响，涵括书学在内的现代意义上的中国美学开始在民国时期发轫。有学者认为："20世纪前半叶可以看作中国传统美学向现代美学转型的起步阶段。"[1]这一观点基本反映了当时中国美学研究的实况。一方面，以王国维、蔡元培、吕澂、范寿康、宗白华、朱光潜、邓以蛰为代表的学者，循着晚清西学东渐的学风，把目光投向西方，在美学研究中引进布洛的距离说、立普斯的移情说、谷鲁斯的内摹仿说以及克罗齐的直觉说，开启了借用西学梳理中国古典传统美学资源的理论先河；另一方面，以鲁迅、冯雪峰、陈望道、瞿秋白、蔡仪为代表的学者，以敏锐的理论自觉，把目光投向苏联，在美学研究中引进普列汉诺夫的劳动说、卢那察尔斯基的真善美合一说、车尔尼雪夫斯基的美是生活说，开启了我国以马克思主义美学指

---

[1] 杨春时：《20世纪中国美学论争的历史经验》，《厦门大学学报》（哲学社会科学版）2000年第1期。

导中国美学研究和体系建构的历程。[1]两种路向的探索均以救亡图存为治平初衷,共同指向中国古典传统审美的现代化转型,其成果为民国书学向纵深发展做了充分的前期准备。[2]

凡此种种,皆令民国书学演进环境骤变。一方面,大批晚清入民书家延续碑帖一途的书法创作与书学探究,传统书学成就继续浸润着民国书学的本体发展,其中既有乾嘉学派治学方法及金石学学术成就的积极影响,又有清代傅山、郑簠、扬州八怪等在创作变革中的精神感召,更兼有西学东渐所引发的诸多效应。另一方面,社会变革的时代风云深刻影响着民国书学的格局,尽管此期社会动荡、战祸频仍,民众生活极不安定,但政坛中人如李大钊、陈独秀、毛泽东、周恩来、董必武等共产党人,孙中山、黄兴、林森、胡汉民、蒋介石等国民党政要,乃至袁世凯、郑孝胥、汪精卫等人,无论政见立场、书法素养如何,皆能弘扬此项传统艺术,有助于一代书风的开启与形成;学术大家如蔡元培、陈独秀、罗振玉、王国维、梁启超、胡适等人,更在此起彼伏的社会文化运动与出土新发现所带来的古文化热、考古热中,分别从美感教育、兼容并包、美术革命、金石小学、二重证据法、书法本体美学、毛笔写新诗等不同角度,不仅为书学研究营造了崭新的学术氛围,也为书学发展开拓出一片新天地。辛亥革命、新文化运动、美术革命、五四运动等重大社会文化事件的接踵而至,不仅为距离政治较远的书学创造了比较宽松的氛围与空间,

---

[1] 聂振斌:《中国近代美学思想史》,中国社会科学出版社1991年版,第370页。
[2] 参见杨明刚《中国元素:走向自觉的中国审美》,《民族艺术研究》2014年第2期。

也在学理与本体上为此期书学的深度发展奠定了坚实的社会基础与学术根基。辛亥革命后，清王朝的皇宫开始向民众开放，许多私人珍藏的书迹珍品亦广泛流传，为书学中人提供了接触海量珍品、真迹的机会。与此同时，科技进步也促使铅印代替石印、印刷与照相结合、金属版与珂罗版推广，从而使存世古代书迹以及清末以来新发现的殷墟甲骨文字、金文、简牍、帛书等文字资料得到大量印行，为书法艺术普及与书学深入研究提供了有利的物质条件。正是在这种传统与时代交融的生态之下，民国书学呈现出高度的民族主义、兼容并包、中西结合、学风正派的特征，开启了书法艺术学科化、体系化建构的征程；尤其是在书法艺术纯化、书艺传播革新、书法观念丕变诸方面取得显著成就，最终走上由古典向现代转型的道路。

二、书法艺术纯化

书法艺术的纯化当属民国书学由古典向现代转型引而未发却至关重要的潜在基调。

清末以降，植根于民族文化土壤的涵括书法艺术在内的中国传统美术，在时代大潮和西方文化的冲击下，仍以旺健的活力向纵深发展，并在时代思潮的激荡下开始了自我革新与现代转换的进程，随着时局变幻与风尚播迁而发生着跌宕起伏、多姿多彩的历史性变革。在这一深刻转变的过程中，艺术范式及相应的审美理想在古今杂糅、中西混交中悄然演变，古与今、新与旧、中与西的艺术观念和审美意识交混在一起，相互碰撞、相互对抗又相互融合。从某种意义上讲，民国之于艺术的显要功绩，绝不仅在数千年帝制之坍塌,更在海量西学精髓的翻译引进对中国传统艺术观的有益补充以及彼时频繁的东西方文化深度交融所诱发的西方思维体系对华夏民族意识的巨大外源冲击,使得传统社会审美风尚中原本根深蒂固的封建桎梏开始松动、日渐式微。这一重大转变昭示着彼时传统艺术发展的整体趋势:艺术不仅更贴近现实,更走近大众,而且在经历曲折的转变过程之后,更趋开放、自为。正是在这种背景之下,民国书学伴随着社会、文化的演进获得了进一步发展,在西风东渐、科举制废除、白话文兴起、硬笔普及、新发现出土、白描画法与歌剧唱功引入等诸多客观存在的新兴发展基石之上,不仅形成了熔今铸古、广拓新境、名家迭出、流派纷呈的兴盛局面,更在书法艺术纯化的步履中开启了由古典形态向现代形态的重大转变。

考察书法史料可知,书法有史以来便是中国传统文艺的重要门类,但在古典书学时期,它不过是国学的细小分支之一罢了,甚至始终处于某一部类的附庸,素来被视为闲情余事。降及民国,独特的社会、历史、时代背景使得书学研究被康有为、梁启超、王国维、陈寅恪、章太炎、蔡元培、鲁迅、胡适、陈独秀、刘师培、马叙伦、林语堂、蒋彝、邓以蛰、朱光潜、宗白华等一大批国学根基深厚且学贯中西的学者聚焦、关注,他们开始在国学、史学、小学、金石学、美学等诸多方面展开对书法艺术的现代审美研究。其中,康有为倡导因性顺情、求乐去苦,梁启超推崇审美之上的趣味主义,将书法美分为线美、光美、力美、个性美四美,王国维高扬书法为艺术、以悲为美、意境之说,章炳麟力主章草复兴,蔡元培提出以美育代宗教,鲁迅发表《拟播布美术意见书》，宗白华、邓以蛰强调生命意境审美，林语堂侧重书法的抽象形式美，蒋彝重视书法"一线"的本体美，等等，诸如此类的新观念为民国书艺纯化奠定了深厚的现代美学基础。然而，现代书法审美研究之初，与前述中国美学研究相类，并无完整体系，呈现为与哲学、文艺理论、书法理论等混沌相融的零散形态，成果多散见于期刊、论著中。譬如，林语堂《中国人》（My Country and My People）在中西文化比较中较早触及中国书法的本体性质问题，指出中国"书法代表了韵律和构造最为抽象的原则"，是"中华民族美学观念的基础"，为美学鉴赏提供一整套术语等言说。[1] 蒋彝《中国书法》（Chinese Calligraphy）是另一部面向海外推介中国文化的书法美学研究专著。邓以蛰《书法之欣赏》则从书体、书法、书意、书风（后两者惜未成文）四个层面揭开了对古典书法的现代美学研究。[2] 宗白华《中国书法里的美学思想》梳理了中国书法在用笔、结体、章法三方面的审美特征。[3] 这些研究虽未成体系，却都筑基于书法艺术纯化的认知观念之上，并开启了书法由古典美学赏评转向现代美学研究之门，开拓出现代书法审美研究的理论雏形和研究基调。沿着这些前贤纯化书艺的轨迹，随着民国西学东渐、科举废学校兴、书写工具革新、白话文运动兴起等重大事件的影响弥漫至书坛，书法最终在民国确立了独立的学科体系和专业地位。至此，

---

[1] 林语堂：《中国人》，郝志东、沈益洪译，浙江人民出版社1988年版，第258页。
[2] 王俊：《书法意境的现代关注——邓以蛰的〈书法之欣赏〉》，《青少年书法》（青年版）2005年第6期。
[3] 宗白华：《艺境》，北京大学出版社1999年版，第260页。

书法在学术观念与社会认知上便完成了其作为纯粹的艺术的纯化启蒙。

造成民国书艺纯化的重大诱因约略有四：一是西学东渐日盛。艺术至上、唯艺术论的审美思潮在民国时期曾一度存在，尽管从整体来看，这种倾向在民国书艺创作与发展上几乎没有产生过什么重大的标志性成果和代表性人物，却在书学本体的根底上深刻影响了彼时的社会审美风尚与书坛审美趣味。二是科举废、学校兴。这不仅促使书法挣脱馆阁桎梏，而且扫除了传统书法艺术附庸、余事的文化语境，西式学制的引进和新式学校的创立，更使书法和书学成为独立艺术样式与新兴学科，获得新的重大发展机遇。三是书写工具革新，钢笔、铅笔等硬笔取代了毛笔承续数千年的主要书写工具的地位。这尽管在一定程度上削弱了书法艺术的社会影响，冲击了书法艺术的民众基础，但从艺术纯化角度和艺术审美层面讲，硬笔的普及更弥散和消解了书法艺术的功利性目标，复归并放大了书法艺术的非功利属性，极大地解放了书法艺术的创造性，强化了书法作为纯粹的艺术的定位。四是白话文运动兴起。汉字是书法艺术的重要根基，民国有识之士在新文化运动中对白话文、新体诗的倡导和对汉字改革的主张，虽在客观上强烈地冲击着传统书法艺术，却不仅并未从根本上撼动书法艺术的根底，反而在论战与交锋中进一步强化和深化了书法的艺术属性与本体研究，书法艺术更在以章炳麟、钱玄同、于右任等为代表的民国书人立足文字改革、倡导章草、推广标准草书的实践努力下在广大民众中得到最为广泛的普及。

三、书艺传播革新

民国书学由古典向现代转型，得益于书艺传播革新。民国书艺传播革新主要体现在展览鉴藏、结社办刊、国际交流、多元教育四大方面。

从书法客体出发以展览鉴藏观之，受西学东渐与新文化运动改良文艺的影响，民国书法艺术品展示走出文人雅集式的小范围观摩交流的圈子，开始面向民众公开展出。彼时全国各类书展层出不穷，无论是个展、联袂展、巡回展，抑或是赈灾展、社团联展，还是如个人别业、郊外雅集、风景名胜的聚会等具有书展性质的笔会，都担负着提高书家知名度、向公众推销书家作品、宣传鼓动多种风格与流派、培养民众中的书法拥趸、提高民族审美情趣、引导书家创作风尚的多重功能，书法艺术日渐社会化。与此同时，为数不少的书家逐步确立了商品意识，常于展览期间边展边卖甚至由买者出题预下订单，大批职业书家更在历史文化氛围相对浓厚、商品经济相对发达的地区卖字为生。在此背景下，书法市场与书法鉴藏家的活动也日渐活跃，民国书法市场尤以南京、北京、西安、上海等地的规模为最，又尤以南京夫子庙、北京琉璃厂、上海豫园最负盛名，民国书法鉴藏家则以于右任、罗振玉、陈宝琛、叶恭绰、溥心畬、陶湘、徐世昌、曹锟、张伯英、吴湖帆、余绍宋、张元济等人声名为显。除上述地点、藏家之外，彼时全国城乡各地尚有不计其数的不同层次的书法市场、书法鉴藏家，共同为民国书学的发展贡献着力量。这种书作展示方式与市场鉴藏的变革，均昭示着民国书学观念由古典向现代转型的潜变。

从书家交游出发以结社办刊观之，民国书艺传播多仰赖各类社团和社刊等社会化形式，这些组织有计划地开展书学活动，堪称前代未有的崭新之举。以天津楷学励进社、标准草书社、中国书学研究会、北大书法研究社、清华学校教职员书法研究会等为代表的民国专业书法社团和上海中国书画保存会、中国画学研究会、湖社画会、上海书画会、南通金石书画会、上海巽社、中华艺术学会、艺觳社、蓉社、文社、正社、白雪社、中国美术会、中国女子书画会、重九书画研究社、海上题襟馆金石书画会、豫园书画善会、停云书画社等大批诗文社团、金石书画社团等，集中诞生于现代城市崛起的独特历史背景之中，旨在"以文化伸张，国体遂固""发扬光大固有之艺术"，立意高远。这些团体紧扣促进书学潜变的书写工具变革、出土新发现、汉字改革等核心外力，一面沟通传统书法与西方美术的审美以证中国书法艺术的价值，一面于现代性反思中伸张传统书学审美内涵，积极引导民国书学由古典向现代转型的审美进向，以社团之力奋勇承担继承传统文化根脉的家国时代重任，成为民国书学发展的重要动力。与之相应，各社团皆致力于创办社刊、传播书学主张与审美观念，《国粹月刊》《艺林月刊》《湖社月刊》《神州吉光集》《艺林》《鼎脔》《艺观》《艺觳》《文社》《草书月刊》《书学》《停云社社刊》《字学杂志》《书法研究》等竞相出版；上述社刊之外，尚有《东方杂志》《河北第一博物院画报》《国学季刊》《国学论丛》《国学丛刊》《艺术半月刊》《美术世界》《故宫周刊》《墨海》《国光艺刊》《西京金石书画集》《墨林》《国立中山大学语言历史研究所周刊》《说文月刊》《南金》《社会教育季刊》《辅仁学志》

《中国公论》《大公报》等刊报亦致力于书学传播,盛况空前。这些社团与报刊出版物不仅极大地汇集、凝聚、保护了民国时期零散而有限的书学拥趸的力量,而且借助近代传媒广泛的覆盖面、极高的精准度和快速便捷的特征,打破了传统书学相对封闭的传播方式,团结了尽可能多的可以团结的对象,保存并发展了书学这一传统国粹,共同推进了民国书学的发展壮大。其中尤以纯粹以书法为研究对象的中国书学研究会会刊《书学》和标准草书社社刊《草书月刊》两刊声名最显、影响最著,代表了民国书学研究的最高水平,对民国书学发展贡献最大。

从书艺本体出发以国际交流观之,中国书学的国际影响古已有之,民国书学的国际交流更多,此期书学与海内外书家的交流频仍、形式多样,甚至从日韩等传统汉字文化圈内的东南亚国家延展辐射到欧洲,并为西方抽象艺术送去了重要的启迪。对此,杨起《中国书法——西方抽象艺术的渊源之一》曾言:"西方抽象艺术的形成,差不多历经了百年,融汇了百家大法。其中的一大法,便是中国书法。"[1]以官方推动看,国民政府1927年定都南京后,相继设立励志社、国际联欢社、文化会堂等专司对外文化交流的机构,在它们的职司之中,书学的国际交流自然是一项重要内容。以书家个体看,杨守敬、康有为、梁启超、罗振玉、章炳麟、廉南湖、商衍鎏、马衡、鲁迅、郭沫若、陈衡恪、金城、徐悲鸿、刘海粟、傅抱石、钱瘦铁、林语堂等人都曾出国留学、访问,其中部分人还曾在国外办过书展;吴昌硕、郑孝

---

[1] 杨起:《中国书法——西方抽象艺术的渊源之一》,《中国书法》1996年第5期。

胥、叶德辉等人虽未出国，但其书作、著述或弟子都对国外产生过重要影响；此外，尚有日本人河井仙郎、长尾甲、太田孝太郎、桥本关雪和朝鲜人金泽荣等外国金石书画家于民国期间来华向张謇、吴昌硕、罗振玉、赵石求学就教。以国外出版物看，日本曾于这一时期创办出版了大量专门推介中国书法的刊物，尤以《书苑》《兴亚书报》等影响最大。

从书法主体出发以多元教育观之，如前所述，民国书学教育是在封建社会瓦解、科举制废除、西学东渐日盛、书法工具变革、白话文运动兴起、汉字改革勃兴、影印科技进步、近代传媒创新的前提下陆续展开的，这使得书学教育呈现出明显的古今、新旧、中西、创作与普及、传统与现代并存、相互结合、交相辉映的融汇态势，反映出鲜明的古典书学向现代书学转型的特征。一是古今结合，即古代官方字学教育与民国师徒授受的书法教育相结合，既有家庭书法教育，又有私塾书法教育，更有书家课徒教育；二是新旧结合，即旧式五体书法教育与新式分级学制书法教育相结合；三是中西结合，即中式书学教育内容与西式学校学制书法教育相结合；四是创作与普及结合，即书艺创作专业教育与大众书法业余普及教育相结合；五是传统与现代结合，即师徒授受、学校教育与专业书法社团、期刊、展览等普及教育相结合，其中，社团、期刊尤以标准草书社《草书月刊》和中国书学研究会《书学》为代表。

尽管由于民国政局混乱，且地区发展极不平衡，民国书艺传播革新似乎并未使书学取得应有的显著成就，但也从书法客体、书家交游、书艺本体、书法主体诸方面为民国书学承前启后的新发展注入了勃勃生机。

民国伊始，在西学东渐的总体背景下，书学观念及其审美理论形态为之一变。民国书学观念的丕变集中于传统书学承继与现代书学建构两端，尤其体现在思维机制、研究方法与言说方式的悄然新变上。

从传统书学承继看，民国书学在乾嘉学风延续、碑帖观丕变、章草复兴三途继续垦拓，尽管"民国期间学人的各类论著，从体系、文笔以及考据方法等，还程度不同地保留有清代学者的余绪"[1]，但此期书学观念发展出现了三大显著趋向。一是受晚清以降新发现的甲骨文、金文、简册及汉魏南北朝碑刻的重大影响，民国书坛中仿秦汉、宗魏晋的书学观念与审美风尚盛行；此期王国维、罗振玉、郭沫若、董作宾等人的殷墟卜辞甲骨文研究，流沙坠简、居延汉简等西北简牍研究，欧阳渐、黄节、叶恭绰、钱玄同等人的敦煌晋唐写经研究，罗振玉、赵万里、范寿铭、顾燮光等人的汉魏南北朝墓志研究，等等，均是这一书学观的体现。二是一变晚清碑学独尊的局面，重新审视碑帖关系，主张碑帖之学皆属国粹，倡导南帖北碑的自然融合；碑学一脉，作为清代碑学昌隆的余绪，以乾嘉学风与西化方式治金石学蔚然成风，成果颇重学科化、体系化，尤以叶昌炽《语石》、柯昌泗《语石异同评》、缪荃孙《艺风堂金石文字目》、姚华《弗堂类稿》、方若《校碑随笔》、鲁迅《寰宇贞石图》等为著，此外另有罗振玉《碑别字补》《碑别字拾遗》《殷文存》、罗福葆《碑别字

---

[1] 孙洵：《民国书法篆刻史》，上海交通大学出版社2011年版，第104页。

续拾》等字书专著,影响深远;帖学一脉,则尤以张伯英《法帖提要》、冼玉清《广东丛帖叙录》正视帖学、去伪存真之功为显;党晴梵《论书》等著录则为兼及碑帖一途的代表。三是突破宋明以降的帖学局限,主张全面继承由唐迄清的楷、行、草、碑的成就,各体书法全面发展;此期余绍宋《书画书录题解》、吴辟疆《书画书录题解补甲编》《书画书录题解补乙编》、谢功肃《豪素丛谈》、马宗霍《书林藻鉴》《书林纪事》等皆为历代名作名家辑录评品之著。

从现代书学建构看,因西学东渐、学制改革的震荡,民国书学观念的演进获益于同期中国美学建构,尤其是受王国维、梁启超、张荫麟、宗白华、林语堂等人的书学观念省思的泽溉良多,相继生发出书法以形式之美为主体的超功利之艺术说[1]、书法艺术四美说[2]、情感表现说[3]、生命意境说[4]、形式性灵说[5]等书学观念。其中,王国维之说虽为无心之语,却以西学思维为书法艺术的身份与性质作了明确的本体定位;梁启超之说虽囿于时代局限难免缺憾,却超越了传统书学中的非理性特质,

---

[1] 参见王国维《古雅之在美学上之位置》,载王国维著,周锡山编校《王国维文学美学论著集》,北岳文艺出版社1987年版,第37—41页。

[2] 参见梁启超《书法指导》,载《饮冰室专集》卷一〇二,中华书局1989年版。

[3] 参见张荫麟《中国书艺批评学序》,《大公报·文学副刊》1931年第171—174期。

[4] 散见于宗白华《徐悲鸿与中国绘画》(1932年)、《中西画法所表现的空间意识》(1935年)、《书法在中国艺术史上的地位》(1938年)、《中国艺术意境之诞生》(1943年)等书法论著中。

[5] 参见林语堂《吾国与吾民》(《中国人》,1935年)、《苏东坡传》(1947年)。

为民国书学"提供了一种新的书法研究观、新的方法论与新的研究视角";张荫麟、宗白华、林语堂之说则各自展开了对现代书学体系建构的尝试。上述诸家之外,蔡元培、朱光潜、邓以蛰、蒋彝、胡小石、徐悲鸿、丰子恺、陈公哲、萧孝嵘、高觉敷等诸家的现代书学观念亦颇具建树。

总体而言,受乾嘉以降治学轨迹自然延续和新时代文化运动、美术革命、出土新发现及西方学术方法视角的深刻影响,民国书学观念既承继了古典书学重直觉、重体验、重妙悟的感性体悟传统,又饱含着重思辨、重理性、重体系的现代学术新变,尽显民国书学新旧交替、古今转换、中西互证的由古典向现代转型的总趋势和审美进向。

综览民国书学的演进轨迹,不难见出,处于古典向现代转型转折点上的民国书学,其发展历程中始终隐伏着一条清晰的线索,即中国社会的现代转型和现代性的生长演进。民国书学审美风尚的嬗递与趋向,既是本土传统审美的更生再造,又是异国异质审美的移植融合,也是传统审美价值观念和审美情趣的大众化,还是包括古典与现代双重内核的本土思维基质与民族审美思想的平民化、通俗化、大众化传播。当然,民国书学审美思想作为民族审美资源的重要组成部分,必然带有强烈的时代背景影响和鲜明的个人际遇特色;民国书家与书学家们的美学思想无不折射出那个时代沉重的精神氛围以及中西文化、哲学全面交流碰撞的环境特征,乃至打上书家、书学家个人性格、才情、际遇的深刻烙印。客观地说,以今视昔,民国前贤学者的努力尚有进一步垦拓与完善的空间，但其打破了数千年来封闭的传统书学体系，饱含着继往开来的丰富内涵，预示并孕育着一个崭新的未来，因而具有重大的价值。民国前贤们所创拓的由古典向现代转型的书学审美进向，迄今未竟。

第五章 美学现代转型百年历程

学界对中华传统美学现代转型的实践与研究，贯穿了整个20世纪中国美学史。有关审美意识的研究，尤其是20世纪下半叶以来的新探，作为中华传统美学现代转型的实践与研究的重要组成部分，更将中华传统美学置于世界文明的大背景之中，注重以西方美学理论资源为镜鉴，并立足于对中华传统美学资源本体的创新性继承和创造性发展，集中体现了中华传统美学现代转型研究的深度与广度。以此为例，可以从一个侧面看到中华传统美学在中西冲突下展开现代转型的历程和具体进展。

第一节 概念演变与本质探究

概念是研究的起点，只有先搞清概念，才能展开深入的研究。那么，何谓审美意识？审美意识的本质是什么？这两个问题和美是什么及美学本质是什么两个问题一样，不易回答。西方美学史中是没有单纯而独立的审美意识概念的，美学家们更多的谈到的是美感（或审美感受），审美意识概念被长期置于美感概念中。对美感的认识从古至今循着两条轨迹发展：一条沿着美感是纯主观的产物的轨迹发展，从古希腊柏拉图到17世纪末、18世纪初的莱布尼兹、夏夫兹博里，再到19世纪以后的立普斯移情说、布洛心理距离说、克罗齐直觉说、弗洛伊德欲望升华说、桑塔耶那客观化的快感说等一脉相承；另一条则沿着美感是审美对象的反映的轨迹发展，从古希腊亚里士多德到文艺复兴时期的达·芬奇，到18世纪的博克，19世纪的费尔巴哈、车尔尼雪夫斯基等，遥相呼应。实际上，从古希腊的毕达哥拉斯学派、赫拉克利特、德谟克利特、苏格拉底、柏拉图、亚里士多德，到古罗马的贺拉斯、朗吉弩斯、普洛丁,早期的美学家们甚至不曾直接使用美感概念,而是使用快乐、快感、乐趣、欣喜、愉快、畏惧、怜悯、欢乐、敬畏、喜惧交集等词语来描述美感。[1]透过这些词汇我们能够感到,美感从一开始就直接指向人心与情感体验。降及中世纪,在以感官刺激、享受、快感和快乐为原罪的神学美学的强权禁欲下,亚昆那主张把快感与理智相结合,既用感官进行感性观照,又用理性观照内在与精神,使得美感的原初指向得以延续。及至文艺复兴,崇人本、反禁欲的大潮席卷欧洲,达·芬奇强调"喜悦、愉快和心满意足",马佐尼则称"诗的目的在于产生惊奇感"[2],人的感性快乐再次彰显,美感也得以重新指向人心与情感体验。自17世纪始,主体认识能力开始受到重视,美感研究逐步走向深入。一方面,伴随着理性主义的诞生与流布,中世纪烦琐哲学的思辨方法和教会的权威性产生动摇,理性开始取代信仰。笛卡尔在给麦尔生神父的信中将愉快与判断联系,提出一种衡量听众接受难易程度的美感标准;波瓦洛在《诗的艺术》中采用了趣味、鉴赏力等词代指美感;莱布尼茨则称"鉴赏力和理解力的差别在于鉴赏力是由一些混乱的感觉组成的",所谓混乱感觉即美感;缪越陀里称美是"在人心中引起快感和喜爱的东西",鉴赏力不同于单纯的感性和想象,"是理解力

---

[1] 北京大学哲学系美学教研室编:《西方美学家论美和美感》,商务印书馆1980年版,第34—63页。

[2] 《美学教程》编写组:《美学教程》,中国社会科学出版社1987年版,第309—310页。

的一个部分"。[1]另一方面,与理性主义相对立,经验主义强调感性经验是一切知识的来源,否认所谓先天理性观念的存在。培根是近代把人生理想由观照转到行动的第一人,他认为"秀雅合度的动作的美才是美的精华",并力推归纳法;霍步士"把培根的唯物主义系统化",认为一切人类思想都起源于感觉;洛克则发挥和修正了霍步士的观点,认为除感觉外,观念还有心理功能方面的一个来源,即反思能力。在此基础上,经验派美学对审美现象展开了心理学分析。先是夏夫兹博里将美感与道德感相通,提出美感的内在感官说;随后哈奇生继承了这一点并首次用美感替代快感;[2]休谟主张把哲学的精密性带到美学领域,把感觉主义推向极端,认为审美趣味(即情感)有别于理智,理智辨真伪,而趣味生美感(快感或痛感);博克则将美感与一般感官快感等同。[3]到了启蒙运动时期的鲍姆嘉通,关于人的感性活动的研究才真正开始,感性学即美学亦自此诞生。其后,古典主义的康德拿经验主义的快感结合理性主义的合目的性,首先将美感与快感、感官快感与道德快感明确分开,希求实现理性主义与经验主义的调和,并提出美感普适性问题,认为美感是情感共通感,真正开始对美感进行深入研究。[4]席勒则进一步认为美感是"由精神力量、理性和想象力所参与并通过观念激起感情的那种

---

[1] 北京大学哲学系美学教研室编:《西方美学家论美和美感》,商务印书馆1980年版,第78—93页。
[2]《美学教程》编写组:《美学教程》,中国社会科学出版社1987年版,第309—310页。
[3] 朱光潜:《西方美学史》,人民文学出版社1979年版,第219—242页。
[4] 吴琼:《西方美学史》,上海人民出版社2000年版,第387—397页。

快感"，是游戏冲动，强调它既来自自然本性的感性冲动，也来自精神本性的游戏冲动与自由的快感。[1] 克罗齐提出"直觉即表现"，认为美感完全是排除了理性思维和实践活动的一种先天的神秘原生质，更进一步发挥了康德关于美感的观点。费尔巴哈认为人具有审美力，通过"审美的感觉和审美理智"，从而感觉到外在于人的美。"因此人是在对象上面意识到他自己的"，亦即人在审美的过程中在对象上意识到自身本质力量的存在。这无疑已经开始接近美感和审美意识概念的本质了。而车尔尼雪夫斯基认为美感就是"美的事物在人心中所唤起的感觉，是类似我们当着亲爱的人面前时洋溢于我们心中的那种愉悦"，"是我们看见具有生的现象的一切，总使我们欢欣鼓舞，导我们于欣然充满无私快感的心境，这就是所谓美的享受"。[2] 由上述对西方美学史的简要回顾可见，审美意识在美学史中一直与美感（或审美感受）相联系，美学研究者们虽已涉及审美意识问题，但往往都缺乏系统性和专门性，始终没能确定单纯而独立的审美意识概念。因此，界定审美意识的概念就成为国内美学界的任务。

目前国内发现的最早关于美学的文字记录存于1875年花之安《教化议》一书，该书认为丹青、音乐"二者皆美学"。1901年，蔡元培发表《哲学总论》一文，首次引入美育概念。1902年王国维翻译出版桑木严翼《哲学概论》，论及作为哲学学科的美学，并在所译《心理学》中单列出"美学之原理"专章。1903

---

[1] 朱光潜：《西方美学史》，人民文学出版社1979年版，第427—459页。
[2] 北京大学哲学系美学教研室编：《西方美学家论美和美感》，商务印书馆1980年版，第242—243页。

年，蔡元培出版柯培尔《哲学要领》，再度确立美学的哲学定位；王国维《哲学辨惑》一文确证伦理学与美学"为哲学中之二大部"。1904年王国维出版《红楼梦评议》，发表《孔子之美育主义》，后文被视为中国美学史的开篇论文。[1] 自此，西方美学思潮被相继引入，西方理论和观点被大量译介，进入国内美学界，学者们努力用本土概念一一对应地翻译国外美学著作中的概念，并试图使用传统的思维方式对其作出自己的解释，部分学者还按自己的理解，结合中国传统文化，试图建构中国的美学体系。由于西方美学史上审美意识概念一直与美感（或审美感受）相联系，所以，从对美感的翻译与研究中约略可见国内学界对审美意识认识与界定的过程。

20世纪初，梁启超首次提及美感，却并未详究美感的概念和特点，而是着力于美感的培养与获得。[2] 王国维也越过了概念探寻而直论美感对象及美感获得方式。吕澂首先引入立普斯的移情说，认为感情移入是"纯粹的同情"，而美感无关意欲，是"生命最自然又最流畅的展开"，具有静观、快感、紧张等特性。[3] 陈望道也译介了立普斯的移情说，并指出美感和审美意识

---

[1] 参见刘悦笛、李修建《当代中国美学研究（1949—2009）》，中国社会科学出版社2011年版，第571页。

[2] 参见梁启超《情圣杜甫》，载梁启超著，夏晓虹编《梁启超文选（下）》，中国广播电视出版社1992年版，第135—152页。

[3] 吕澂1920年3月发表《立普斯美学大要》（《东方杂志》第17卷第5号），1923年出版《美学概论》和《美学浅说》（均由商务印书馆出版），介绍德国19世纪末到20世纪初的实验心理学派美学，特别是立普斯的移情说。1925年出版《晚近美学说和美的原理》（商务印书馆）。吕澂在学术上受当时日本学术界的影响，《美学概论》取材于日本著名哲学家、美学家和教育家阿部次郎的《美学》（1917年第一版），而阿部氏原书就是专门介绍立普斯的移情说的。

在主观方面具有静观（无关心性即无功利性）和愉悦（愉悦性即特殊的快感）两种特性，认为除视觉、听觉之外的其他感官都有助于美感获得。[1] 范寿康则认为移情实质即"以赋与对象生命以及与对象的生命共同生命"。吕、陈、范三人均持审美无用观，并以移情为中介贯通生命与审美，其对生命的共同关注彰显了本土文化视角。朱光潜认为美感经验是一种聚精会神的观照，其于20世纪30年代出版的《文艺心理学》，围绕美感经验问题，首次全面、系统地引进、介绍并结合中国传统美学理论和文艺实践经验综合阐释了克罗齐的直觉说、布洛的距离说和立普斯的移情说等西方美感经验学说，为中国美学的建构提供了重要的参考和借鉴。蔡仪则认为美感是在美的观念的基础上发生的，是由于外物的美或其摹写之能适合于这美的观念，使它充足的欲求得到满足时所产生的情绪激动和精神愉快，其于20世纪40年代出版的《新美学》是我国较早的一部力图用唯物主义观点探讨美学问题的专著，是中国马克思主义美学的肇始。中华人民共和国成立以后，在前述基础之上，20世纪50年代国内学术界展开了具有重大美学史意义的美学大讨论。大讨论中，朱光潜先后将美感定义为："发现客观方面某些事物、性质和形状适合主观方面意识形

---

[1] 陈望道1927年出版的《美学概论》（上海民智书局出版，1934年再版，收进《陈望道文集》第二卷，上海人民出版社1980年版）同吕澂《美学概论》一样，主要依据阿部次郎译介的立普斯实验美学，并引用过吕著。另刘悦笛撰《中国20世纪二三十年代审美主义思潮论》(《思想战线》2001年第6期）和《实践与生命的张力——从20世纪中国审美主义思潮着眼》（《人文杂志》2004年第6期）可作参考。

态,可以交融在一起而成为一个完整形象的那种快感。"[1]"美感不是别的,它就是人在外在世界中体现了自己的本质力量时所感到的快慰和欣喜。"[2] 美感经验是"人化自然"的产物。[3]"劳动创造是对人的社会本质的肯定,美感是认识到这一事实所感到的喜悦。"[4] 重新阐释了美感的个体差异、美感与快感的区别、美感的两层含义、审美能力等问题,在感觉力、想象力、理解力三者之外研究了本能和情欲,提出了情绪概念。[5] 李泽厚则在对蔡仪与朱光潜的批判中提出美感存在矛盾的二重性,"简单说来,就是美感的个人心理的主观直觉性质与社会生活的客观功利性质,即主观直觉性与客观功利性"[6];美感的实质是人类在精神上把握和肯定着自己的实践;[7] "美感(美的感情)是包含着伦理功利等社会内容,而以直觉判断为形式的一种高级的反

---

[1] 朱光潜:《论美是客观与主观的统一》,载《朱光潜美学文集》,第三卷,上海文艺出版社1983年版,第71页。

[2] 朱光潜:《美学中的唯物主义与唯心主义之争——交美学的底》,载《朱光潜美学文集》,第三卷,上海文艺出版社1983年版,第366页。

[3] 朱光潜:《生产劳动与人对世界的艺术掌握——马克思主义美学的实践观点》和《美学中唯物主义与唯心主义之争——交美学的底》,载《朱光潜美学文集》,第三卷,上海文艺出版社1983年版,第281、353页。

[4] 朱光潜:《生产劳动与人对世界的艺术掌握——马克思主义美学的实践观点》,载《朱光潜美学文集》,第三卷,上海文艺出版社1983年版,第291页。

[5] 朱光潜:《美感问题》,载刘纲纪、吴樾编《美学述林》,第一辑,武汉大学出版社1983年版,第1—11页。

[6] 李泽厚:《论美感、美和艺术——兼论朱光潜的唯心主义美学思想》,载《美学论集》,上海文艺出版社1980年版,第4页。

[7] 李泽厚:《〈新美学〉的根本问题在哪里?》,载《美学论集》,上海文艺出版社1980年版,第148页。

映和认识"[1]。洪毅然则认为"直接面对审美对象的当下'审美经验'之审美感受,即是美感或丑感"[2],并将审美活动或美感视为一种"感觉—知觉—美的知觉—美的感情"的层层深入的心理过程。[3] 吕荧认为美的感觉、美感或快感与美的意识、美的观念一样具有社会历史的内容,[4] "美的认识必须经过感性阶段——美感,但是不能够用感觉(美感)代替乃至取消理性认识(美的概念、观念)"[5]。高尔泰认为客观的美并不存在,而美感是绝对的;"事物之成为美的,是因为欣赏它的人心里产生了美感。所以,美和美感,实际上是一个东西"[6];"当一个人对一件事物感到美的时候,他的心理特征就是审美的事实。你不承认它,它依然存在。这就是美感的绝对性"[7];"审美活动之所以是自由的活动,很重要的一个因素也就是美感大于美";美感是感知、理解、意志、想象等多种心理过程以情感为中介的综合统一。[8] 这次美学大讨论的论述主要集中于美与美感的关系问题,兼及美感含义、性质,为审美意识的概念界定奠定了坚实的理论基础。20世纪80年代迄今,美感概念开始从一元向多元扩展:

---

[1] 李泽厚:《关于当前美学问题的争论》,载《美学论集》,上海文艺出版社1980年版,第80—81页。

[2] 洪毅然:《新美学纲要》,青海人民出版社1982年版,第66页。

[3] 洪毅然:《美感的心理过程》,载《美学论辨》,上海人民出版社1958年版,第142页。

[4] 吕荧:《吕荧文艺与美学论集》,上海文艺出版社1984年版,第505页。

[5] 吕荧:《吕荧文艺与美学论集》,上海文艺出版社1984年版,第406页。

[6] 高尔泰:《论美》,甘肃人民出版社1982年版,第3页。

[7] 高尔泰:《美感的绝对性》,载《论美》,甘肃人民出版社1982年版,第25页。

[8] 高尔泰:《美是自由的象征》,载《论美》,甘肃人民出版社1982年版,第49—51页。

一是在本体论框架下探寻美感共同本质；二是在现象学向度中总结综合美感经验。在本体论框架下，美感被普遍等同于审美意识，是对美的认识，即客观存在的诸审美对象在人们头脑中能动的反映。王朝闻、刘叔成、蔡仪、丁枫、戚廷贵、杨安仑、周忠厚等均持此论。王朝闻的观点最具代表性，他认为审美意识是对客观对象的一种主观反映形式，是在生产劳动和社会实践的客观基础上产生出来的，随着时代历史的演进而发展和变化，同时它是对客观现实的一种特殊的能动反映。[1] 在此基础上，严昭柱称"美感是认识也是情感的心理活动"。[2] 武乾称美感是对客观审美对象的"不假思索的动情的反映"。[3] 刘纲纪认为美感是在知觉的基础上，以联想、想象和理解的协调活动为中介所达到的一种知觉与情感契合无间的心理状态。[4] 刘叔成将美感视为对人的本质力量的自我观照，认为美感起源于人类社会实践并随美特别是艺术美的欣赏和创造而发展，具有重感觉而超感觉、富个性而隐共性、超功利而含功利三大特点。[5] 蔡仪明确提出意象典型化问题，视美感为对美的认识，称之为一种特殊的认识作用和心理现象，一种形象思维活动，并认为美感通过美的观念反映客观美，其根本性质是理智的满足与心灵的愉悦。[6] 彭立勋以审美经验立论，详述了美感中情感的层次结构，认为美感中的情

---

[1] 王朝闻主编：《美学概论》，人民出版社1981年版，第66页。
[2] 严昭柱：《在美感探讨中的认识论问题》，《学习与思考》1981年第2期。
[3] 武乾：《试论美感的性质》，《哲学研究》1981年第5期。
[4] 刘纲纪：《美学对话》，湖北人民出版社1983年版，第114页。
[5] 刘叔成、夏之放、楼昔勇等：《美学基本原理》，上海人民出版社2001年版，第259页。
[6] 蔡仪主编：《美学原理提纲》，广西人民出版社1982年版，第37页。

感活动包括移情与共鸣、愉悦的情感、审美情趣三个层次。[1]李泽厚则从主体性实践哲学或人类学本体论角度认为美感是内在自然的人化,即新感性;并较为具体地描述了审美心理结构和心理过程,在朱光潜对审美能力研究的基础上推导出美感的四因素说(知觉、想象、情感、理解),在当代审美心理学研究中影响较大。[2]在现象学向度中,美感被视为审美经验,美学家们主张从经验角度进行总结综合的研究。黄德志、陆一帆、叶朗、蒋培坤、杨恩寰、王旭晓、王德胜、毛宣国等均持此论。黄德志将美感视同审美经验,称之为人们欣赏美的自然、艺术品和其他人类产品时所产生出的一种愉快的心理体验,是人的内在心理活动与审美对象之间交流或相互作用的结果。[3]陆一帆明确区分了审美认识和美感概念。此类研究又分两端:一是偏重审美经验的综合,以杨恩寰、胡家祥、王德胜为代表。杨恩寰等认为审美经验是一个动力复合系统,是多种心理机能的运动,本质是一种自由的情感愉快,特点是无功利的情感愉悦性、无概念的理解普遍性、无目的的合目的性和无思维逻辑的情感逻辑性。[4]二是偏重审美经验的形而上意味,以叶朗、蒋培坤、王旭晓、毛宣国为代表。叶朗结合中国传统的美学范畴,视感兴为审美心理学的基本课题,认为审美感兴是一种感性的直接性,是人的生命力和创造力的升腾洋溢,是人的精神的自由和解放,其特点在于无功利

---

[1] 彭立勋:《审美经验论》,长江文艺出版社1989年版,第176页。
[2] 李泽厚:《美学四讲》,生活·读书·新知三联书店1989年版,第101页。
[3] 黄德志等编:《美学读本》,中国社会科学出版社1988年版,第66页。
[4] 《美学教程》编写组:《美学教程》,中国社会科学出版社1987年版,第309页。

性、直觉性、创造性、超越性和愉悦性。[1] 二者的区别在于出发点是否在本土向度上。另外，楼昔勇进一步阐明了审美区别于认知的本质，突破了美感是基于生理快感之上的精神愉悦的观点，认为美感是对美的反应而非反映，其要义在于通过感知反映所产生的情感反应。[2]

综上，中国美学界对美感概念的定义呈现为三种形态：一是个人鉴赏过程中的体验、感受，以吕澂、陈望道、范寿康、朱光潜等人的观点为代表；二是以认识活动为内容的个人鉴赏过程，以蔡仪、吕荧等人的观点为代表；三是作为心理现象的一种精神状态，以陈望衡、易健等人的观点为代表。对美感概念的定义经历了四个阶段：一是受西方美学思想影响，从快感、功利性、社会性等角度对美感作限定型定义；二是受马克思主义哲学影响，从哲学角度审视美感与美的关系，对美感作关系型的定义；三是受实验心理学影响，以实验数据分析审美主体心理、生理变化，对美感作过程型定义；四是受中国古典审美体验论影响，强调对主体审美经验性的分析，对美感作经验型定义。值得一提的是，对概念的定义越来越不受重视了，研究者们不再重复纠结于某美学家或者某个派别对某一个概念的定义，而将重心投向对美学体系的思考和更加精细的研究。[3] 正是在这种趋势下，学界对审美意识概念和本质的界定随着对美感认识的不断深入而逐渐明晰起来。

---

[1] 叶朗主编：《现代美学体系》，北京大学出版社1988年版，第171页。
[2] 楼昔勇：《美学导论》，华东师范大学出版社1996年版，第178页。
[3] 参见陈望衡编《李泽厚哲学美学文选》，湖南人民出版社1985年版，第201页。

根据笔者对国内目前可见的各种美学原理、美学概论及美学辞典的初步统计分析，对审美意识及其概念和本质进行界定的主要观点有以下几种。

王朝闻的观点形成较早，影响较大。"审美意识是客观存在的诸审美对象在人们头脑中能动的反映，一般通称之为'美感'。"美感有广义和狭义两种不同的含义："一是指审美意识，这是广义的'美感'，它包括审美意识活动的各个方面和各种表现形态，如审美趣味、审美能力、审美观念、审美理想、审美感受等等。'美感'的另一个含义是狭义的，专指审美感受，即人们在欣赏活动或创作活动中的一种特殊的心理现象。审美感受构成审美意识的核心部分。"[1] 其后，许多研究者的理论著述和文章在涉及审美意识与美感问题时都引证了这一观点。廖盖隆、孙连成、陈有进等人就全面接受了王朝闻的观点。[2] 在此基础上，许征帆采纳了其中广义的含义，认为审美意识是人类在审美实践的基础上，在哲学、政治、伦理等思想的制约和影响下，不断形成和发展起来的审美情感、认识能力的总和。[3] 王向峰采纳了两方面的含义，认为审美意识是人在审美活动中形成、发展的并支配着人创造美、欣赏美的活动的思想、观念、意识，并将审美认知、审美体验和审美判断纳入审美意识中。[4] 李泽厚、汝信等人综合了上述观点，但更凸显了人的社会化的生理、心理基础

---

[1] 王朝闻主编：《美学概论》，人民出版社1981年版，第67页。
[2] 廖盖隆、孙连成、陈有进等主编：《马克思主义百科要览》（下卷），人民日报出版社1993年版，第2013页。
[3] 许征帆主编：《马克思主义辞典》，吉林大学出版社1987年版，第834页。
[4] 王向峰主编：《文艺美学辞典》，辽宁大学出版社1987年版，第144—145页。

对审美意识的影响,并进一步将审美态度也纳入审美意识中。[1]顾建华、张占国等人则对审美意识的核心审美感受的构成因素作进一步的阐释,认为审美感受指具有一定审美观点的主体,在接受美的事物刺激后,所引起的一种综合着感知、理解、想象、情感等因素的复杂心理现象。[2]这种对美感进行广义和狭义划分的观点和方法无疑紧扣住了审美意识与美感存在的重要联系,对分析和揭示审美意识问题具有重大价值。但这一观点仅仅把审美意识理解成广义的美感,并没有完全揭示审美意识的本质和属性,甚至一定程度上降低了审美意识概念本身的价值和作用。同时这种广义与狭义的划分方法也过于概括和简略,这就造成了日后人们在使用上的含混与模糊,也影响了人们对审美意识问题的认真关注和仔细分析。于是,冯契、金炳华和朱立元从心理活动的阶段性过程视角对审美意识进行界定,这异于已有的审美意识界定。[3]他们均认为,审美意识是支配人的审美、创造美的活动的思想、情感、意志,是人的社会意识的组成部分,并和其他社会意识相互影响、相互渗透,是审美心理活动进入思维阶段以后的意识活动,包括显意识和潜意识。三人的区别仅在于后者认为审美意识包括审美的感受、观点、判断、推理、评价、趣味、态度、情感、理想、能力、意志,而前二者认为审美的感知、联

---

[1] 李泽厚、汝信名誉主编:《美学百科全书》,社会科学文献出版社1990年版,第408页。

[2] 顾建华、张占国主编:《美学与美育词典》,学苑出版社1999年版,第59—60页。

[3] 冯契主编:《哲学大辞典》,上海辞书出版社1992年版,第573页;金炳华主编:《马克思主义哲学大辞典》,上海辞书出版社2003年版,第621—622页;朱立元主编:《美学大辞典》,上海辞书出版社2010年版,第110页。

想、想象也应纳入审美意识的显意识之中。杨春时则认为，审美意识是指进入审美境界中的人的特殊的意识形式，朱光潜、李泽厚等人已经提出了有别于美学史上对审美意识认识的两种类型的第三种考察审美意识的方法和途径，即审美意识是人的特殊的心理活动，不能仅凭认识论来解决审美意识的特殊性问题，而要进入实践的领域，把审美意识的产生当作人类精神实践即审美创造的结果。这就突破了美学史上大致形成的对审美意识认识的两种类型：一种把审美意识划入情感领域，如柏拉图迷狂说、康德对判断力—情感领域的划分以及我国传统的情感表现论等；另一种把审美意识划入认识领域，从认识论出发，如亚理士多德的摹仿自然说、黑格尔的理念自我认识美学体系（即审美是感性认识阶段）以及别林斯基有关形象的思维观点等，苏联及我国的理论观点主要是继承认识论这一类型。这两种类型均把审美意识归于普通意识的某一方面（情感或认识），认为审美意识与普通意识只有量和形式的区别，而没有从本质上把二者区分开来。在此基础上，杨春时指出：审美意识不是人现成的意识形式，而是审美创造的产物，是人的意识的升华，达到了自由的境界；审美意识不是一种认识形式，也不是普通的情感，而是在普通意识基础上人类自我创造的产物，是一种更全面、更自由、更高级的意识类型。[1]《辞海》和《中国大百科全书》是我国当代最权威的两部辞书著作，其中，后者仅收录"审美教育""审美经验"词条，

---

[1] 杨春时：《论审美意识》，《求是学刊》1982年第3期。

未收录"审美意识"词条；[1]而最新一版《辞海》将"审美意识"定义为："人在审美、创造美活动中的思想、情感、意志。包括审美感受、审美趣味、审美判断、审美态度、审美情感、审美需要、审美观念、审美理想等。是对审美对象的能动的反映，并通过对人的精神世界的积极影响，反作用于人们改造客观世界的活动。它是融和着形象、想象、情感、理智，更具创造性和个性特征的一种特殊的社会意识。最能集中反映人类审美意识的是艺术。"[2]

可见，人们对美感以及审美意识概念和本质的认识是不断清晰和完善的，在这个过程中，人对自身审美问题的探索和分析也在不断地完善和进步。中国本土具有丰富的美学精神、广博的美学范畴、深邃的美学思想，但迄今尚无一个相对完善的美学体系。自美学由西方引入中国，国内美学研究者对美学的研究经历了美学在中国、中国的美学和走向国际的中国美学的发展轨迹，他们不遗余力地探寻着中国美学的精髓，并试图建立起我们自己的美学体系，力图使中国传统文化在今天以西方文化为主导的世界里争取到属于自己的话语地位。从这个角度说，审美意识概念的出现不仅是人类的审美实践活动不断深入和扩展的结果，也是中国美学学科逐步走向成熟的表征。

---

[1]《中国大百科全书》总编委会：《中国大百科全书》，中国大百科全书出版社2009年版，第4250—4251页。

[2] 陈至立主编：《辞海：缩印本》（7版），上海辞书出版社2022年版，第1988页。

第二节 发生和起源研究

中华传统美学现代转型是从救亡图存的治平初衷出发，以引进西学为起点；从论争图立的历史需求出发，以研习马列思想为进阶；从对话图新的时代风尚出发，以对话国际为手段；从复兴图强的民族使命出发，以草创中体为旨归；总体来看是围绕中华传统美学现代化这一重大主题循序展开的。中华传统美学现代转型经历了西学东渐、马列指引、赓续传统、融合会通、走向大众、对话国际、光大复兴的发展过程，对中华传统美学现代转型的认识也伴随着思维水平、认识能力的不断提升和人的自觉自由本质和主体能动性的不断发展、进步，逐步萌芽、发生、发展、成熟，并沿着本体论、认识论、主体论的轨迹，实现了由浅入深、由表及里、由向外（外界对象）求美到向内（人自身）求美的艰难转向，开始走上本土化、现代化、国际化的复兴图强的转型轨道。本部分拟以审美意识为例，从一个侧面梳理中华传统美学现代转型的艰难探索与操作路径。

一、引言：何谓审美意识发生学

何谓审美意识发生学呢？顾名思义，即人类审美活动的产生、起源；换言之，就是审美意识的发生和起源。它有两个层面的含义：一是从个体上探讨人在创造美和审美过程中审美意识的获得途径，二是从总体上研究人类审美意识的起源。前者侧重于从前提、可能与必然角度展开，是审美意识史研究的微观内化的横向依据；后者则倾向于从过程角度展开，是审美意识史研究的宏观外化的纵向依据。

有学者认为，对审美发生学的研究首先须厘清三个前提性问题："（1）审美起源与艺术起源是不是同一个问题？二者究竟是何关系？（2）以什么样的'审美'与'起源'观念为出发点研究审美起源？（3）通过什么方法来进行审美起源问题研究？"[1]此论可谓不虚。此处所谓审美发生学实为审美意识发生学，区分审美与艺术、廓清本质与起源、明确方法与角度也确乎是审美意识发生学研究的理论基点与学术前提。质言之，审美意识起源涵括艺术起源又不等同于艺术起源，审美意识的起源与本质在根本上是一致的，对审美意识起源的研究直接影响到对其本质的认识。具体到百年中国美学研究史，审美意识的发生和起源更与审美意识的理解直接相关，因此，审美意识发生学研究就成为中国美学研究不容回避的基础命题，堪称中国美与美学研究的原点。

然而，中国美学发展史中存在着一个独特图景：美学思想、美学范畴始终是学者们建构中国传统美学体系的核心线索和主流媒介，充斥着传统与西方、对立与融合、精英与大众等论争；审美意识则因其基本美学概念的属性和零散性、复杂性、多义性、生成性、潜在性等特性，以及对特定历史时期救亡图存的价值功能相对薄弱，所以经常被研究者忽略和遗忘，显得较为边缘化。实际上，尽管借用西方美学方法对中国古典传统审美资源中的先进思想、独特范畴的整理和抽绎占据主位，但学界对审美意识尤其是审美意识发生学的研究并未因此而有丝毫弱化。相反，学界对美与美学的研究是建立在对审美意识发生学的学理研究成果基

---

[1] 杜学敏：《审美发生学研究的三个前提性问题》，《人文杂志》2012年第1期。

础之上的，并且在各个历史时期均汇集了大量的研究者，形成了许多重要成果。

二、百年历程：研究的总背景

审美意识发生学研究之于美学研究的哲学价值和理论意义，是在百年中国美学研究现代转向的历史进程中逐步彰显、日渐受到重视的，先后经历了救亡图存、论争图立、对话图新、复兴图强的价值诉求的历史阶段，呈现出明显的历史自觉的线性轨迹。

（一）发轫期：救亡图存的治平初衷

20世纪上半叶，是百年中国审美意识发生学研究的发轫期。这一时期，积弱已久的国力、落后挨打的现实强烈地刺激着胸怀天下、力图修齐治平的一代学人的振兴理想，使得救亡图存的治平初衷成为当时学人的共同学术愿景，始终贯穿于中国审美意识研究之中。有学者认为："20世纪前半叶可以看作中国传统美学向现代美学转型的起步阶段。"[1]这一观点基本反映了当时中国审美意识研究的实况。一方面，以王国维、蔡元培、吕澂、范寿康、宗白华、朱光潜、邓以蛰为代表的学者，循着晚清学人西学东渐的学风，把目光投向西方，在审美意识发生学研究中引进布洛的距离说、立普斯的移情说、谷鲁斯的内摹仿说以及克罗齐的直觉说，开启了借用西学梳理中国古典传统审美意识资源的理论先河。另一方面，以鲁迅、冯雪峰、陈望道、瞿秋白、蔡仪为代表的学者，以敏锐的理论自觉，把目光投向苏联，在审美意识发

---

[1] 杨春时：《20世纪中国美学论争的历史经验》，《厦门大学学报》（哲学社会科学版）2000年第1期。

生学研究中引进普列汉诺夫的劳动说、卢那察尔斯基的真善美合一说、车尔尼雪夫斯基的美是生活说，开启了我国以马克思主义美学指导审美意识发生学研究和美学理论体系建构的历程。[1]两种路向的探索均以救亡图存为治平初衷，共同指向中国古典传统审美意识的现代化转型，其成果为审美意识发生学研究的展开做了充分的前期准备。

（二）拓荒期：论争图立的历史需求

中华人民共和国成立后40年间，是百年中国审美意识发生学研究的拓荒期。这一时期分为两个阶段：20世纪50至60年代为第一阶段，举国新生的欢欣、百废待兴的现实，极大地鼓舞着豪情满怀的中国学人；80年代为第二阶段，思想解放的启蒙、改革开放的触动空前地拓展了希冀学术新生的学者们的寻根意识，使得论争图立的历史需求取代已然淡出的救亡图存目标，成为新的学术追求。20世纪50至60年代的美学大讨论，是马列主义全面主导中国美学研究的首次理论尝试，是中国学人主动、自觉地在马列主义理论指引下展开推尊苏联的审美意识发生学研究的表征。如果说，蔡仪、吕荧、高尔泰、朱光潜、李泽厚等人围绕美的主客观属性问题展开的这场论辩，初显了当时美学界的四种倾向（客观、主观、主客观统一、实践），那么，20世纪80年代的美学论争，则是对上次讨论的理论深化，蔡仪、朱光潜、李泽厚、刘纲纪、蒋孔阳等人在论辩中基本形成了反映论与实践论的对立，最终以实践论的完胜落幕。延续40年的两次论争，掀起了美学热的社会风潮，不仅将美学研究的范围从古典思维方式和

---

[1] 聂振斌：《中国近代美学思想史》，中国社会科学出版社1991年版，第370页。

单纯的美感经验拓展至人类生产生活的诸多领域，而且将美学研究的深度引向对美的本质的探索和对美学体系建构的实践，彻底奠定了马列主义对审美意识由古典向现代化转型研究的主导地位。

（三）深化期：对话图新的时代风尚

20世纪90年代，是百年中国审美意识发生学研究的深化期。这一时期，国内现代化提速、全球一体化风潮搅动了中国美学发展的线性发展模式与论辩思维传统，开始从论争图立走向对话图新，以对话、比较和会通的方式加速现代转型进程。一方面，刘纲纪、杨恩寰、蒋孔阳、朱立元、王德胜、张玉能、陈炎、朱志荣等人继续循着实践美学的思路完善理论体系；另一方面，杨春时、潘知常、张弘、王一川等人立足后实践美学，展开了对实践美学的批判与超越。两种路向的学者对审美意识的研究均以对话西方为基础：实践美学家们往往立足于马列主义理论对李泽厚的积淀说展开阐释、修正与深化；后实践美学家们则立足于西方现代美学成果的引进吸收展开对集体理性倾向的超越尝试。二者共同开启了建构中国化美学体系的进程。在这个背景下，有学者转而从更基本、更原始的发生学角度搜集资料、探本溯源，这无疑是切实有效的建设性工作。

（四）开拓期：复兴图强的民族使命

21世纪迄今，是百年中国审美意识发生学研究的拓展期。这一时期，审美意识之于人自身的奥秘揭示乃至美学体系建构的哲学价值和理论意义日渐凸显，学者们普遍意识到：审美意识是与美学思想、美学范畴相比肩的基础概念；对审美意识尤其是中国古典传统审美意识的研究，关乎人自身奥秘的揭示，关乎对美本质等美学原理的基本认知，关乎美学体系的框架建构，关乎整个美学研究的基本走向，是中国美学研究的重要内容和转型的重要方向。在经历了救亡图存、论争图立和对话图新的发展阶段之后，复兴图强的民族使命开始感召学人，中国审美意识研究开始在本土化前提下步入现代化、国际化的快车道。在新世纪、新阶段、新起点上，中国审美意识发生学研究在前人艰难前进和取得的丰硕成果的基础上，重新获得了向纵深发展的广阔空间。

在这一学术背景下，百年审美意识发生学研究经历了西学东渐、马列指引、赓续传统、融合会通、走向大众、对话国际、光大复兴的发展过程，对审美意识发生学的认识也伴随着思维水平、认识能力的不断提升和人的自觉自由本质和主体能动性不断发展、进步，逐步萌芽、发生、发展、成熟，并沿着本体论、认识论、主体论的轨迹，实现了由浅入深、由表及里、由向外（外界对象）求美到向内（人自身）求美的艰难转向，开始走上本土化、现代化、国际化的复兴图强转型轨道。这是百年审美意识发生学研究总的学术背景。

在这一总的学术背景下，王国维、蔡元培、宗白华、蔡仪、朱光潜等人率先指出审美意识的直觉性、感悟性等特性，这些特性在早期中国美学研究中已成为共识。随后，相继有学者发表审美意识具有阶级性、共通性、统一性、保守性、模糊性等观点。此外，研究主要集中在结构性、倾向性、超越性、发展性诸方面，与王国维、蔡元培、宗白华、蔡仪、朱光潜、洪毅然、李泽厚、蒋锡定、王蒙、王振铎等人的研究成果一道，共同形成了审美意识特征研究多元并举的网状格局，呈现出对审美意识特征系统探求的理论自觉。

民族性是中国审美意识特征研究的重点。早在20世纪初期，王国维、蔡元培等中国美学大家便开始以中西比较的视角从小说、戏曲、宗教诸方面切入此项研究；梁启超、钱穆等则注重从历史、学术、思想诸方面对此展开梳理；中华人民共和国成立前后，邓以蛰、王朝闻、宗白华、朱光潜等人更致力于从书法、绘画、雕塑、建筑、诗歌、戏曲等文艺方面揭示中国审美意识的民族特性。20世纪80年代以来，李泽厚、蒋孔阳、叶朗等人不仅在前人垦拓的基础上继续从艺术、文学诸方面进一步深化了此项研究，而且逐步将历史学、考古学、社会学、心理学、人类学的最新成果融入其中。其后，随着学界对审美意识物态化属性认识的逐渐深入，以民族性为核心的中国审美意识特征研究渐成显学：研究视阈极大丰富，由文学、艺术拓展至政治、经济、科技、历史乃至日常生活诸方面；研究范畴极大拓展，由局部转向整体、由微观转向宏观、由点向面、由横向纵；研究取向日渐精微、客观，开始由以往的从主观直感的思想之道、仪制之礼入手，逐步转向从客观存在的物态之器入手。这些实践探求或宏观解析中国审美意识的民族性，或微观窥探中国审美意识的民族特点，或以物化媒介理性论证民族属性，均呈现出学界对审美意识特征研究的道路自觉。

三、个体路向：微观内化的横向依据探求

学界借由个体路向探求审美意识发生学横向依据的微观内化研究，论著和论述都颇为丰富，目前主要观点有：移情说、想象说（或联想说）、直觉说、生理心理说、主体价值说、实践说等，这些观点都涉及审美意识的个体发生。

(一) 移情说

移情较早被国内美学界视为审美意识发生的原因,以吕澂、范寿康、朱光潜的论述为代表。先有吕澂对移情理论的引进,称"吾人所发见之对象生命,仍不外从对象之特质加以强调成抑制之自己生命。即以之移入对象而后觉其对于吾人为有情者。惟此属于感情。而得直接经验。故生命之移入,其实则感情移入也。官能的物象果何由见其有生命乎?可答之曰,即由于感情移入"[1]。后有范寿康一面强调移情对审美的作用,一面突出对象对审美的影响,称"所以这一种感情是严密地为对象所规定的感情",认为审美态度是将自我的生命移入对象即感情移入的态度。朱光潜则在接受立普斯的移情说的基础上吸收中国传统思维中"物我同一""天人合一"思想,在比较综合中独立思考探索,创新性地认为移情是"推己及物"与"由物及我"相结合的"双向交流"过程,主体一面把自己的情感移到外物上,一面又吸收外物的姿态和精神。其《文艺心理学》更融合抽象的美学理论和具体的心理分析,以克罗齐的直觉说为基石,将文艺心理研究提升到美学境界,以布洛、立普斯及谷鲁斯的距离说、移情说及内摹仿说等为工具,深入揭示审美活动的微妙心理过程和审美经验复杂的心理和生理特征,认为审美无对象、自我非自我、审美对象当是对象化的自我价值投影而非纯粹形式的对象,使移情理论本身较之范寿康"审美感情乃是对象所规定的感情"的观点更趋完善,形成内在互证的、自足的理论系统。至此,审美意识发生的移情说臻于峰顶,此后再无美学大家再作详解。值得一提的是,

---

[1] 吕澂:《美学概论》,商务印书馆1923年版,第28页。

牟春新近发表《审美意识与"器官感觉"——从朱光潜的"审美移情说"谈起》，该文对朱光潜以"调和折衷"的态度面对美学史上立普斯和谷鲁斯关于研究审美意识是否必然涉及"器官感觉"的问题的激烈争论发表了不同的意见，认为朱先生忽略了立普斯和谷鲁斯之间的实质性分歧。[1]

（二）想象说

想象（或联想）也被视为审美意识发生的原因之一，以蔡仪的论述最具代表性。蔡仪充分肯定了联想与想象在审美意识产生中的作用，认为想象既是一种创造新形象的特殊心理功能，又是一种与生活经验、学识教养紧密相连的认识和形象思维活动；他提出，美的观念的渴求是后天社会生活经验的结晶，认为审美意识一面借由记忆、联想为基础的想象产生，一面借由外物形象产生，前者是向内、在记忆中搜求的，后者是向外、在现实中主动获取的。朱光潜对此持不同观点，他认为审美意识中带有联想，但联想并非一定是审美意识。在他看来，联想是处于审美经验之外的乱想，不是审美意识发生的原因，但其功能不可一概抹杀，它是知觉与想象的基础和造成审美经验的必要条件，也是直觉的基础和构成审美经验的必要因素。此后，联想与想象一直都被视为审美活动过程中不可或缺的因素，对其在审美活动过程中的作用的论述也主要从心理学角度展开，叶朗更在《现代美学体系》中论述了审美感兴中想象的作用、特征、分类及异同。[2]

---

[1] 牟春：《审美意识与"器官感觉"——从朱光潜的"审美移情说"谈起》，《文艺理论研究》2011年第1期。

[2] 叶朗主编：《现代美学体系》，北京大学出版社1988年版，第186—196页。

（三）直觉说

直觉被国内美学界普遍认为是审美意识发生的重要原因。朱光潜、叶朗的观点颇具代表性。朱光潜从西方美学理论中汲取营养，其前期美学思想以直觉说为理论基石，以形象的直觉为立足点和出发点，认为审美主体在审美活动中处于一种超概念、超功利的直觉静观状态，"全部精神都聚会在一个对象上面，所以该意象就成为一个独立自足的世界"[1]。换句话说，个体审美意识因直觉产生。叶朗则从中国古典美学传统中寻绎出审美直觉的概念，提出审美直觉具有去概念化、直接性和整体性、情感体验性和模糊性的特质，认为直觉是审美意识产生的原因。[2] 其后的论述大都基本认同这一点。对审美直觉的探讨已经并将继续成为国内美学学者的研究重点，研究的方向也逐步实现了从"直觉是什么"到"怎样去直觉"（审美心理学）和"直觉到什么"（大美学）的方向性转变。

（四）心理说

许多学者从生理、心理角度分析审美意识发生的原因，主要有王朝闻、黄德志、刘叔成、王德胜、毛宣国、户晓辉等。他们对审美意识最基本、最主要的形式——审美感受，从普通心理学的角度进行了生理、心理分析介绍，一般来说，他们大都肯定感觉、知觉、想象、情感、思维（理解）是审美感受中不可缺少的几种基本心理因素。感觉是人的一切认识活动的基础，是客观事

---

[1] 朱光潜：《文艺心理学》，载《朱光潜全集》，第一卷，安徽教育出版社1987年版，第212页。

[2] 叶朗主编：《现代美学体系》，北京大学出版社1988年版，第209—211页。

物在人的头脑中的主观映像,知觉、想象、情感、思维等都是在感性材料的基础上产生的。知觉依靠以往的知识和经验把感觉的材料联合为完整的形象,在知觉中已有想象的成分。想象还包括联想,联想一般分为接近联想、类比联想和对比联想三种。想象又可分为再造性想象和创造性想象两类,人们的联想和想象与生活教养、经验密切相关。具有浓厚的情感因素是审美感受的突出特点,主体的情感活动与审美对象的感性形式是密切联系着的。想象与情感一样都是审美感受中的重要内容。思维是在感性认识基础上产生的理性认识活动,它是通过概念、判断、推理的形式对现实所作的概括反映。虽然思维在审美中是有着重大作用的,但在审美感受中思维的地位与作用以及思维活动的形式如何是有争议的。这些心理因素在审美感受过程中发生作用的机制,在心理学中还没有得到充分的研究。

（五）价值说

不少学者从主体价值角度分析审美意识发生的原因,主要有黄德志、蒋培坤、叶朗、李泽厚、杨恩寰、杨安仑、王旭晓等。他们大都认为审美过程中主体的认识心理（知觉、认识、判断）和价值心理（审美注意、审美期望、审美快乐、审美欲望等）是综合到一起的,连审美鉴赏力和审美趣味的提高都是这一过程的延续；认为审美心理过程是一个阶段性、层次性的动态过程,从日常态度到审美态度,从审美感受到审美体验,直到审美超越。也有人把审美批评、审美创造归入这一过程中。蒋培坤将个体审美意识发生过程中起作用的心理因素分为两个系列：一是由审美欲望、审美兴趣、审美情感、审美意志组成的价值心理要素,一是由审美感知、审美想象、审美理解等组成的认识心理要素,认为审美价值心理是人类审美的动因系统，审美意志是人的主体性的集中表现。叶朗展开了颇具中国美学特质的分析。[1] 阮卫则从主体审美意识觉醒、积累和完善的角度出发研究了个体审美实践活动中审美创造与审美欣赏的途径。[2] 杨春时则在此期的研究中突出强调了审美意识发生过程中主体间性的重要功能。陈明对长期以来在美学领域占主导地位的审美认识论进行了系统的反驳后，重新构建了审美价值论，并从价值论的新视角论述了审美意识的本质特征，阐释了审美价值论的意义。[3]

（六）实践说

关于劳动说（或实践说），马克思曾有经典论述："只是由于属人的本质的客观地展开的丰富性，主体的、属人的感性的丰富性，即感受音乐的耳朵、感受形式美的眼睛，简言之，那些能感受人的快乐和确证自己是属人的本质力量的感觉，才或者发展起来，或者产生出来。"[4] 王朝闻则进一步深入探讨了劳动在审美意识起源中的重要作用和意义。[5] 此后，把审美意识的产生归因于人的社会生产生活实践，认为实践是审美意识产生的根源，几成学界共识。李致钦的《论审美意识的产生及其特征》[6]、

---

[1] 叶朗主编：《现代美学体系》，北京大学出版社1988年版，第231页。

[2] 阮卫：《试论审美意识觉醒之途径》，《江汉大学学报》（社会科学版）1987年第4期。

[3] 陈明：《试论审美意识属于价值范畴》，《哈尔滨学院学报》2005年第5期。

[4] 马克思：《1844年经济学—哲学手稿》，刘丕坤译，人民出版社1979年版，第79页。

[5] 王朝闻主编：《美学概论》，人民出版社1981年版，第71—77页。

[6] 李致钦：《论审美意识的产生及其特征》，《锦州师范学院学报》（哲学社会科学版）1980年第2期。

《中国古代美学史稿（二）》[1]等文,从美学史的角度说明审美意识产生的劳动说及审美意识基本特征。姜万华则认为生产劳动实践不仅是人类审美意识的起点,而且是人类审美意识发展的动力。[2]王怀通也认为审美意识是由人的社会实践——物质生产劳动产生的,并深入剖析了审美意识的本质特性。[3]杨明通过对原始造型艺术的分析研究,指出人类的审美意识最初形成于山顶洞文化时期,也就是旧石器时代的后期。人类的审美意识的产生和发展的外部条件是客观现实对人的作用,内部条件是人体,特别是人脑的发达。而在这一过程中,社会实践（主要是劳动）起着决定性的作用。[4]江牧、江小浦也持同类观点。[5]白玉睿也从原始社会的造型艺术即原始社会美术的产生、发展及其内容、形式特征方面出发考察人类早期审美活动、审美意识的产生、发展问题。[6]

上述从移情、想象（或联想）、直觉、生理心理、主体价值等角度来分析审美意识,是从个体具体的审美体验出发的,在审美过程中呈现出对审美意识的把握,严格来说还不是对起源的研

---

[1] 李致钦:《中国古代美学史稿（二）》,《锦州师范学院学报》（哲学社会科学版）1983年第3期。

[2] 姜万华:《试论生产劳动在人类审美意识产生发展过程中的作用》,《求是学刊》1987年第2期。

[3] 王怀通:《审美意识的起源与本质》,《河南大学学报》（哲学社会科学版）1988年第5期。

[4] 杨明:《人类早期审美意识的形成及其特征》,《固原师专学报》1995第4期。

[5] 江牧、江小浦:《论原始社会中艺术设计的审美意识》,《装饰》2003年第12期。

[6] 白玉睿:《试从原始造型艺术来分析人类早期审美意识的产生》,《大众文艺》2010年第4期。

究，而是对个体审美意识如何产生的研究。从实践角度分析则类同劳动说，涉及包括个体和整体在内的一切审美意识的起源研究。

四、总体路向：宏观外化的纵向依据探索

学界借由总体路向探求审美意识发生学纵向依据的宏观外化研究，古今中外美学家们已经从不同角度作过论述，目前主要看法有神赋说、游戏说、劳动说、巫术说、模仿说、表现说、压抑说、集体无意识说、原道说、理气说等，其中游戏说、劳动说、巫术说、模仿说都触及了审美意识的历史起源。

（一）历史学路向的发生学研究

主要有巫术说、游戏说、图腾说和神话说四种学说。李泽厚认为，原始的物态化的活动，是人类社会意识形态和上层建筑的开始；审美或艺术这时并未独立或分化，它们只是潜藏在这种种原始巫术礼仪等图腾活动之中。在此基础上，他借鉴克莱夫·贝尔的"有意味的形式"理论提出审美积淀说。[1] 陈望衡也在认可劳动说的基础上提出，艺术与审美意识的起源难分先后，其产生都是生产劳动的结果，从生产劳动到审美意识的产生要经过一些中间环节。巫术礼仪活动和游戏活动是艺术和审美意识起源最重要的两个中介。审美意识的产生经历了意识、自我意识、审美意识三个阶段，艺术的产生则经历了制造运用工具、工具制作的定型化和标准化、工具制作的艺术化三个阶段，二者在起源、发展上基本保持同一步调，可视为同一过程的两种指向：一个指向

---

[1] 李泽厚：《美的历程》，文物出版社1981年版，第4—5、18—28页。

主体方面的精神活动，即审美意识；另一个指向客体方面的物质活动，即艺术作品。[1]

其后，有研究者从图腾角度展开分析。如丘振声认为图腾崇拜作为远古时代人类原始宗教的一种重要形式，对原始社会的发展和人类自身的进步乃至审美意识的起源起过很大的作用。[2]李西建也从龙、凤和火图腾入手对中国审美意识的起源进行分析。[3]陈望衡则通过对《周易》、"美"字以及龙凤图腾的分析来探讨中国审美意识的起源。[4]丛新强认为，龙马图腾观念曲折间接地开启了华夏民族审美文化重视人、重视此在的历史进程，先秦理性精神和华夏民族乐感意识的形成可以从中找到原型因素。[5]吴颜嫒与丛新强持同一观点。[6]黄洁认为，巫术作为原始社会精神活动的主要方式，孕育了作为原始宗教信仰的图腾意识，以及与之共生的审美意识——图腾的审美意识。[7]汤芳也认为，人类审美意识的起源与图腾和图腾崇拜息息相关。图腾与审美是一对不可分割的概念，图腾艺术是早期人类社会普遍存在的一种艺术形式，与人类审美观念的发展演变具有十分密切的关系。而多种以巫术形式表现的图腾崇拜，激发并培养了人类的

---

[1] 陈望衡：《艺术起源的中介及审美意识的产生》，《求索》1985年第5期。

[2] 丘振声：《图腾崇拜与审美意识》，《民族艺术》1994年第4期。

[3] 李西建：《原始图腾与民族审美意识》，《文艺研究》1997年第1期。

[4] 陈望衡：《华夏审美意识基因初探》，《华中师范大学学报》（人文社会科学版）2000年第5期。

[5] 丛新强：《龙马图腾与华夏审美意识》，《寻根》2005年第5期。

[6] 吴颜嫒：《龙图腾与中国传统审美意识》，《民间文化》2000年第11—12期。

[7] 黄洁：《与图腾意识共生的审美意识——中国原始审美意识再探讨（三）》，《渝州大学学报》（社会科学版）2001年第2期。

情感判断，催发了人类的审美想象力，是人类审美意识形成的重要因素。[1]

此外，也有学者从神话角度展开分析。如毛宣国就通过对商周神话的分析来揭示中国古代审美意识的发生，认为神话是文化起源的精神母体，从商周神话可以追溯中国古代审美意识发生的某些重要特点。[2] 何彬也认为，上古神话是先民对世界与自身认知的载体，其中孕育并生成出中华民族审美意识的最早萌芽。该文从神话的定义、原始艺术与精神生产、先民审美意识诞生时间三个层面分析了神话及其中的审美意识产生表征，并指出，就整体而言，中国先民早期的审美意识是在不同文化形态的合力作用下发生的，神话只是诸种生成因素中的一个侧面。[3] 杨卓、罗建平认为，中国古代的风神崇拜源流可远溯至伏羲时代，其中蕴涵着一种原始宗教情感体验，对中国传统审美思潮有着渊源性的影响。[4]

张锡坤则从生产工具、巫术礼仪、人种生产三个方面论述了审美意识的历史起源，指出人种生产是除劳动说、巫术说外的对审美意识起源的又一补充。[5] 对此，王振复认为，目前国内学界关于原始审美意识何以发生问题的研究，有神话说、图腾说与

---

[1] 汤芳：《图腾崇拜与审美意识》，《淮阴师范学院学报》（哲学社会科学版）2011年第6期。

[2] 毛宣国：《商周神话与中国古代审美意识的发生》，《湖南师范大学社会科学学报》2000年第1期。

[3] 何彬：《上古神话与中华民族审美意识的生成》，《科学咨询》2009年第12期。

[4] 杨卓、罗建平：《风神崇拜对中国古代审美意识的影响》，《河北学刊》2010年第4期。

[5] 张锡坤：《论审美意识的历史起源》，《吉林大学社会科学学报》1986年第3期。

巫术说三大人类学研究路向。由于原始巫术是中国远古文化的主导文化形态，因此运用文化人类学关于巫学的观点、方法来研究中国美学之文化根性与原始审美意识何以发生，是最为可行而有效的学术之途。[1]

（二）艺术学、人类学路向的发生学研究

从宏观研究来看，以李丕显、殷杰、倪进、陈超敏、郁沅、朱志荣等人的研究为代表。李丕显从物种进化、人类生成，两性之爱、生殖繁衍，物质性生产劳动，原始巫术活动，原始艺术活动，儿童的认识活动等六个方面探讨了审美发生的根源。[2] 殷杰认为，人的审美在中国古典美学史上具有特殊地位，从言志这一人生自身艺术化的人本审美观念开始，审美就以人、伦理为重点；人本审美意识不仅蕴含了中国古典美学的基质，也勾勒了中国古典美学的发展轨迹；中国艺术的审美创作总是和人格美联系在一起的，始终注意如何通过艺术表现出人的精神及其与世界宇宙之间的关系，流贯着充盈饱满的生命活力。[3] 倪进认为，审美意识产生于主客体之间审美关系的建构，而建构审美关系是一种"心物交格"的运动过程。"心物交格"运动的取向有归于心、归于物和归于心物两化的不同，因而心物之间的审美关系有相应不同的表现形态，中国美学在整体上是以平衡审美意识为核心、以心本审美意识为主导、以物本审美意识为基础的，是这三大形

---

[1] 王振复：《人类学三路向：原始审美意识何以发生》，《学术月刊》2005年第10期。

[2] 李丕显：《审美发生学》，青岛海洋大学出版社1993年版，第14页。

[3] 殷杰：《中国人本审美意识的萌芽》，《华中师范大学学报》（哲学社会科学版）1993年第1期。

态的审美意识的统一。[1]陈超敏认为人类审美意识的产生、发展是与社会进步成正比同向发展的,经历了崇利、崇神、崇人和独立四个形态。[2]顾凤威、巫育民认为,研究美的产生,必须从人的意识的生成又特别是人的审美意识的生成入手;人的审美意识是后天生成的,不是与生俱来的。[3]郁沉则认为,人类审美意识的发展大致经历了混沌、分离、依附、独立这四个阶段的四种状态。[4]霍然认为,从宏观的角度考察,山顶洞人粗陋的装饰品的出现,不仅将我国工艺美术的源头上溯到旧石器时代后期;而且昭示出山顶洞人之原始宗教观念,以及先民爱美和追求美时,那由朦胧而逐渐清晰起来的历史足迹。[5]朱志荣更从生理、心理、环境、实用几个角度深入分析了审美意识的起源和生成,他将审美问题放在人文价值科学的层面上进行探讨,试图以西方学说为参照坐标,从中国的传统和文化背景出发,结合中国的国情,对西方的相关学说进行吸收和同化,创造出全球视野下的中国审美理论。[6]

(三)文化学、语言学路向的发生学研究

从微观研究而言,以陈炎、吴玉丽、吴芳、马健鹰等人的研

---

[1] 倪进:《析中国古代审美意识的构成形态》,《湖北大学学报》(哲学社会科学版)1997年第3期。

[2] 陈超敏:《浅论人类审美意识的萌生与自觉》,《宁德师专学报》(哲学社会科学版)2001年第2期。

[3] 顾凤威、巫育民:《美是怎样产生的?——从人类审美意识的生成看美的产生和发展》,《广西师院学报》(哲学社会科学版)2001年第4期。

[4] 郁沉:《论审美意识的形成》,《文艺理论研究》2001年第3期。

[5] 霍然:《论先秦审美意识的发端》,《宁夏社会科学》2004年第3期。

[6] 朱志荣:《中国审美理论》,北京大学出版社2005年版,第129—140页。

究为代表。陈炎从文字角度分析审美意识起源，他区分了人类的美感与动物性快感之间所存在的原则性差异，认为人类的美感是从动物性快感中演变、发展、升华的历史结晶，并通过对食、性的分析，揭示了由于中西宗法文化和宗教文化的不同性质，致使二者在相当长的时间内有着不同的依附对象。[1]吴玉丽也认为，具有表意性质的汉字，其文化内涵是极为丰富的，分析汉古文字尤其是甲骨文，可以窥见汉民族先民的审美意识与图腾崇拜及它们之间密切的关系。[2]吴芳、程赟《汉民族审美意识发展过程中形容词"媚"的地位探微》[3]和吴芳《"媚"之"美好"义的产生及文化阐释——汉民族审美意识发展背景下的词义个案考察》[4]两文，在词汇学研究阐释中触及了审美意识起源问题。马健鹰则指出，"甘"是先民通过采集劳动获得的最早的味觉快感，这种快感是后世先民形成审美能力的起点；"熏"不仅是先民创造美味的最早实践，也是人类最早的审美实践。[5]

上述之外，另有学者对以往审美意识起源的研究作了较好的阶段性总结，如张佐邦认为原始人类的审美意识潜伏于高等动物（人猿）的种族先天生理遗传之中，发端于原始人类时空观念的

---

[1] 陈炎：《人类审美意识的发生》，《北京师范大学学报》（人文社科版）2004 年第 2 期。

[2] 吴玉丽：《从古文字看先民的美意识与图腾崇拜》，《湖州师范学院学报》第 25 卷 2003 年 6 月。

[3] 吴芳、程赟：《汉民族审美意识发展过程中形容词"媚"的地位探微》，《邢台职业技术学院学报》2005 年第 4 期。

[4] 吴芳：《"媚"之"美好"义的产生及文化阐释——汉民族审美意识发展背景下的词义个案考察》，《长城》2009 年第 2 期。

[5] 马健鹰：《"甘""熏"考——兼论先民审美意识的觉醒与最初审美实践》，《扬州大学烹饪学报》2011 年第 3 期。

形成和对自然美的感知体验，表现于第一件石器工具（也是第一件艺术作品）的制作，生成于人种进化、自然环境、图腾崇拜、宗教巫术、神话传说等后天自然环境和社会文化的影响之中。[1]

第三节 特性和特征研究

国内学者们关于审美意识性质与特征的探讨，往往杂存于对审美意识的感念与本质、发生与起源的研究观点之中，也有许多研究的专著专章和专篇论文。除去前文所引的直觉性、感悟性等有关论点之外，20世纪80年代以来，相继有学者发表审美意识阶级性、共通性、统一性、保守性、模糊性等观点，但研究的重点主要集中在对结构性、超越性、内向性（或个性化）与聚落性（或群体化）、发展性、民族性等审美意识特性、特征的研究，以及对器物、色彩、语言文字、文学艺术等审美意识的物态化、多元化表现中介的研究。

洪毅然在与李泽厚的论辩中区分了客观事物的美和人的主观审美意识，他指出审美意识既有阶级性也有共同性（共通性）。[2] 蒋锡定则从对自然科学史的梳理中探寻审美意识特性，其《统一性思想与审美意识》一文可视为对传统审美意识寻求科学佐证的一个途径。该文认为，统一性思想是理论自然科学中一种成功的科学思想，其中蕴含着将无序变为有序、将混乱变为和

---

[1] 张佐邦：《原始人类审美意识生成的历史上限及其影响因素》，《贵州社会科学》2010年第4期。

[2] 洪毅然：《简论美和审美意识的阶级性和共同性》，《社会科学》1980年第2期。

谐的生命的本质力量。这是一切美感的内在的基本原因。[1] 王蒙则认为，审美心理既是历史积淀的产物，又是创造性的；不能只强调审美意识的创造性与变异性，却忽略审美意识的保守性。[2] 王振铎则分析了审美意识的模糊性。[3]

杨春时、邹华、刘旭光、潘天波、罗杰、张玉能等人分析了审美意识的结构性，这些研究大多吸收了当时审美心理学的最新研究成果。杨春时对审美意识结构特性的研究展开得较早，他对审美意识的结构特性作了深入分析，在对人类的意识结构进行分析的基础上认为审美意识是一种非自觉意识，对美学、文艺学研究影响很大。[4] 邹华则采用系统论的方法，从审美意识与科学意识、伦理实践意识在要素和结构上的异同，审美意识的内在特质与外部功能，审美意识结构与功能的动态变化三个方面，剖析了审美意识的要素、结构方式、功能以及结构与功能的动态关系，阐明了审美意识的结构特性；[5] 在此基础上，他在《外倾直觉与动态观照——审美意识的历史更新》[6]、《再现与模仿的

---

[1] 蒋锡定：《统一性思想与审美意识》，《宁夏大学学报》（自然科学版）1983年第1期。

[2] 王蒙：《社会进步与道德、审美评价》，《当代文艺思潮》1984年第4期。

[3] 王振铎：《论审美意识中的模糊现象》，《许昌师专学报》（社会科学版）1986年第3期。

[4] 杨春时：《意识结构与审美意识》，《福建论坛》（人文社会科学版）2005年第6期。

[5] 邹华：《审美意识的结构与功能》，《西北师大学报》（社会科学版）1988年第1期。

[6] 邹华：《外倾直觉与动态观照——审美意识的历史更新》，《人文杂志》1994年第6期。

历史差异——审美意识的重新区分与选择》[1]和《审美封闭与审美残缺——古代审美意识的两个基本规定》[2]等文中，采用结构分析的方式论述了古代审美意识的现代转型问题，其中对中国古代审美意识的特征的总结颇具启发意义。刘旭光《华夏审美意识的四维复合结构》[3]和《民间——士人——官方——华夏审美意识的功能结构论纲》[4]等文均是审美意识结构研究的重要成果。前文通过分析文化主体的多样性揭示了华夏审美意识的四大结构，后文从功能结构的角度将中国审美意识分为民间、士人和官方三个层次，并逐次分析了三者的功能体现与审美对象的差异，认为三者是一个具有整体性、转换性和自我调节性的结构整体，这决定了中国古代审美活动的功能多样性和形式丰富性。潘天波引入格式塔心理学派力论、场论的观点，从"力是审美经验的再现态""场是审美力被模态化的系统的整体显现态"这两个基本命题表现出来的"经验再现律"与"系统显现律"出发，尝试对审美意识的结构特性进行"格式塔质"的科学阐释。[5]

---

[1] 邹华：《再现与模仿的历史差异——审美意识的重新区分与选择》，《社会科学辑刊》1997年第3期。

[2] 邹华：《审美封闭与审美残缺——古代审美意识的两个基本规定》，《人文杂志》1998年第2期。

[3] 刘旭光：《华夏审美意识的四维复合结构》，《河北学刊》2006年第1期。

[4] 刘旭光：《民间——士人——官方——华夏审美意识的功能结构论纲》，《社会科学辑刊》2006年第3期。

[5] 潘天波：《力与场——审美意识的格式塔律》，《时代文学》2006年第6期。

张玉能《审美意识与大脑定位》[1]和《论审美意识的总体构成》[2]等文，是其发表的关于审美意识结构特性研究的力作。前文认为，人类的审美意识是人类神经系统的机能，人类深层审美心理主要对应于大脑的深层和中层，人类的审美显意识、审美潜意识、审美无意识对应着大脑的不同层次和不同功能区，它们既有不同定位，也有整体整合，并在大脑的四个功能区域（感觉区、储存区、判断区、想象区）之中显现出来。后文进一步揭示了人类的审美意识结构，从存在形态构成来看，它分为审美显意识、审美潜意识、审美无意识三个层次，构成一个完整的整体；从审美机制构成来看，它分为审美需要、审美能力、审美人格三个层次；从人类心理能力构成来看，它分为科学审美意识、艺术审美意识、道德审美意识三个层次。与此观点相类似的还有刘德明、魏清[3]、卢红[4]等人。罗杰也主要探讨了审美意识结构，他认为原初审美意识是形成审美意识结构的经验基础，对审美意识结构的形成会起到一个"经验元"的作用；原初审美意识是人类的生理、心理、社会活动中所积累起的生命体验和原初审美经验，是审美意识结构中形成的各种经验因素，它处于审美意识原

---

[1] 张玉能：《审美意识与大脑定位》，《青岛科技大学学报》（社会科学版）2010年第3期。

[2] 张玉能：《论审美意识的总体构成》，《中南民族大学学报》（人文社会科学版）2011年第3期。

[3] 刘德明、魏清：《人和动物审美"意识"的共同生物学基础》，《生物学教学》2000年第9期。

[4] 卢红：《审美意识中的非理性认识》，《求索》2000年第2期。

初状态中,为审美意识结构的形成提供原初审美意识结构模式。[1]

审美意识的内向性(或个性化)与聚落性(或群体化)特性是研究的重点之一。关于内向性(或个性化),张慧彬的观点较有代表性。他在前人研究成果基础上认为,从生理上讲,审美意识以自我意识为基础和条件,其本质为自由意识,具有鲜明的个性化特点;从审美关系上讲,审美意识和审美对象的自身特性在于主体与客体、精神与物质、感性与理性、刹那与永恒、有限与无限、自觉意识与非自觉意识的神契心合,其中审美主体的创造性决定了审美体验和审美意识的个性化特点;审美意识的个性化特点体现在以审美理想为驱动力的审美创造上,审美活动不但创造客体(人类智慧和审美趣味),而且创造主体(审美意识);个体主体人格的自觉建构是审美活动(创造)的最本质的功能,审美活动和美的追求与人的发展和解放是同步统一的;审美意识的个性化特点是人的个性发展的内在动因,人的个性发展则是审美意识个性化特点的必然体现,人的自由个性必将与审美意识一起获得一种现实的肯定性。[2]关于聚落性(或群体化),冯晓和傅谨、朱冠的观点较有代表性。冯晓认为社会形态和意识结构往往耦合成巨大的社会控制系统,社会、群体的思想意识和美学趣味将长期制约人们的意识活动,影响着审美意识的聚落性导向。[3]

---

[1] 罗杰:《审美意识的元形态:原初审美意识》,《牡丹江大学学报》2011年第7期。

[2] 张慧彬:《论审美意识的个性化特点》,《中州学刊》1988年第5期。

[3] 冯晓:《中国艺术聚落性审美意识形成的二个途径》,《福建学刊》1989年第1期。

傅谨、朱冠认为，社会和集团也能作为基本的审美主体从事审美活动，并有着各自独立的审美价值判断体系和特定的、与个体审美意识相似却不同的群体审美意识。[1]这两种向度的研究拓展并深化了对审美意识的认识。

关于审美意识超越性的认识几为学界共识，前述美学大家们对此均有不俗论述。此外，张世英从人文视角出发对审美意识的超越性进行了分析，从在场与不在场、有限与无限、表现与模仿、感性与超感性等角度论证了审美意识超越有限的本质，即以有限的事物显现无限。[2]陈守龙从科学视角出发分析了审美意识超越性，认为审美意识是超知识、超功利、超道德的人类精神最高境界，它涵盖对美的愉悦、对万物一体的感悟、对崇高诗意境界的追求等内容，决定道德追求和科技发展的目标，引导科技伦理进步，指引科技发展方向，是审美轴心说的核心内容。[3]

对审美意识发展特性的研究中往往蕴涵着对传统审美意识的继承与发扬，这已被多数学者认同。如吴育林具体分析了审美意识在原始神话中的发展历程。[4]王齐洲认为，审美活动虽然是人类最具个性特点的精神活动，但民族共同的审美心理和审美意识是客观存在的。中国地域辽阔，形成了南北文化差异和审美意

---

[1] 傅谨、朱冠：《群体审美意识初论》，《南京社会科学》1991年第1期。

[2] 张世英：《审美意识：超越有限》，《北京大学学报》（哲学社会科学版）2000年第1期。

[3] 陈守龙：《审美意识引领生命科学技术发展——审美轴心说初探》，《解放军医院管理杂志》2005年第3期。

[4] 吴育林：《论审美意识在中国原始神话中的发展》，《长沙水电师院社会科学学报》1996年第4期。

识差异,然而,在进入文明社会之门时北方的强势文化更多地左右了中国人审美意识的发展。中国人原初的审美意识通过概念的定型化和符号化以后,整合为重内心体味而轻形体视觉的审美思想,这给予中国文学十分深刻的影响,而春秋时期的审美道德化实际上是对中国人原初审美意识的继承和发展。[1] 李国春认为,人的审美意识与审美能力是在与客观世界发生审美关系的过程中形成和发展的;审美意识的产生和发展是社会实践的产物,也是促进人类社会进步的动力;审美意识具有直觉感悟性、时代阶级性、民族差异性和发展变异性等特点。[2] 杨小玲认为,审美意识的发展是多元化的,在发展的过程中,审美意识时常带上时代的、民族的痕迹,而个人的心理感受、生活经验又造成审美意识的个性差异,二者的互动向前,使审美意识呈现出继承性与创新性的发展规律特征。[3] 张艳则认为,人类审美意识的出现和发展是随着社会历史的进程而出现、发展的。我国传统文化下审美意识受政治、经济、文化等影响,特定的政治和经济基础决定着同时代人们的审美意识。审美意识不是单纯的主观臆想,而是客观存在和主观意识的辩证统一。[4]

对审美意识民族性的研究是另一个重点。王志孝、张怪寿、张文勋、施建业、陈望衡、刘旭光等人先后从不同角度论述了审

---

[1] 王齐洲:《论中国人原初的审美意识》,《荆州师范学院学报》(社会科学版) 2001年第1期。
[2] 李国春:《论审美意识的特点》,《周口师范学院学报》第22卷第6期2005年11月。
[3] 杨小玲:《浅论审美意识的发展规律特征》,《电影文学》2008年第24期。
[4] 张艳:《析传统文化下审美意识的历变》,《贵州师范学院学报》2011年第2期。

美意识的民族性和中国审美意识的民族特性，朱志荣等更直接对中国审美意识史展开了开拓性的深入研究。

王志孝从审美意识的角度说明文艺的民族特点的本质及其形成的原因，他指出，审美意识和文艺均具有民族性，但从伏尔泰到别林斯基、丹纳的民族精神说或民族心理说和唯物主义反映论的社会生活说，都没有看到和深入文艺的深层本质与文艺民族性的特殊处，只简单地从一般社会学和一般心理学的角度来解释复杂的文艺活动，这是它们共同的根本缺陷。王志孝认为，文艺是人类审美意识的表现和物态化形式；文艺的民族特点的本质，是民族审美意识特点的表现和物态化形式，文艺的民族特点形成的根本原因，则取决于民族的审美特点。[1] 张柽寿则明确提出，审美意识具有鲜明的民族特色。他分析了中国审美意识的三个主要特点：一是真、善、美的统一渗透在中国审美意识的各个方面，是中国美学的理论核心，使中国美学成为道德的美学；二是直感与认知的统一造成了中国古代艺术理论、美学理论的直观性和模糊性，致使中国古代罕有逻辑严密的美学理论体系；三是审美主体与审美客体的统一是中国传统审美意识区别于西方审美观和文艺观的又一显著特点。中国的审美意识已经形成民族的传统，衍生出来的见解虽然不少，但主要特点是代代相传、千古不易的。[2] 张文勋的研究对中国古代审美意识的特性用功更勤，他从人文意识的渗透、国家民族意识的张扬、主体意识的强化、

---

[1] 王志孝：《试论文艺的民族特点与民族的审美意识》，《内蒙古民族大学学报》（社会科学版）1985 年第 1 期。

[2] 张柽寿：《中国审美意识的民族特点》，《云南社会科学》1986 年第 5 期。

超越意识的升华四个方面探讨了中国古代审美意识的民族特色，认为审美意识是一国一族长期文化积淀的产物，表现为集体无意识的审美心理活动，呈现出异于他国、他族的审美情趣。文化多元性及历史独特性使得我国古代审美意识具有多样化和多元结构的特点：首先，作为三才之一的人文意识使审美意识具有社会性、伦理性和超越性；其次，作为集体无意识的国家民族意识使审美意识中透射出无形的爱国、爱民和自尊、自信、自强的精神力；再次，对理性和自我超越的追求使审美意识中蕴含着强烈的主体意识；最后，精神寄托、感情宣泄的寻求和主观精神净化、心灵愉悦的渴求，使审美意识升华出超越意识。[1] 在《华夏文化与审美意识》中，张文勋进一步阐发了这些观点。[2] 正如王小燕所总结的，该著力图在中国传统文化的大背景下，对我国古代的审美意识作历史的、全面的、系统的宏观考察。蒋孔阳称其从儒道佛三家学说中去溯本追源，探究中国审美意识的民族特色，扩大了美学研究的新领域。[3] 蒋永文则从视野拓展、方法汇通、理论升华三个角度，表彰了张著从美学到文化、微观与宏观结合、由史实罗列到规律探寻的学术贡献。[4] 金丹元认为张著以文化思想为经，以审美意识为纬，在总结中国文化和审美思想的演进过程中，把传统哲学、美学和审美心态等重要命题纳入

---

[1] 张文勋：《华夏文化与审美意识的民族特色》，《云南社会科学》1992 年第 4 期。
[2] 张文勋：《华夏文化与审美意识》，云南人民出版社 1992 年版。
[3] 王小燕：《一部拓新之作——介绍〈华夏文化与审美意识〉》，《思想战线》1992 年第 6 期。
[4] 蒋永文：《拓展·汇通·升华——读张文勋教授新著〈华夏文化与审美意识〉》，《云南社会科学》1993 年第 2 期。

自己的理论思辨中，特点鲜明：多元文化与审美相揉，以史带论，贯古达今；儒道佛比较研究，得出华夏文化特征；多层次、多方位总体描述，在宏观审视中摸索规律，以求实的态度对中国文化和审美体系的价值作出辩证的回答。[1]施建业认为，汉族审美意识内向、深沉，它初成于夏商周时代，正式形成于秦汉之际，贯穿整个汉族史而延续至今，表现在对最高审美境界的理解、对人的美学评价、对艺术美的创造与欣赏以及房屋和园林建筑上。形成原因有三：一是地理原因，即封闭的地理环境；二是历史原因，即小农经济长期占主导地位；三是文化背景，即"汉族文化的内向性与静态取向""强调以理节情""提倡中庸之道""言不尽意"等文化思想的影响。[2]陈望衡也对此作了较为深入的探讨。[3]冯艳冰从色彩入手，从色彩积淀的社会内容去发现汉民族的内在的、宏大而独特的尚红、贵黄的审美意识。[4]朱郁华则认为，在古代中国人那里，红与黑是远古社会中最受尊敬的颜色；黄色在古代中国是地位最高的一种颜色；色彩的崇尚是政治的重要标志；色彩是形成古代中国人宇宙观的重要因素；色彩在服饰、建筑中有等级意念；古典文学艺术中的色彩具情感传递效应。总之，色彩是一种表象符号的非语言信息，它能在人类

---

[1] 金丹元：《对中国传统文化的多元性和审美意识的丰富性的总体审视——评〈华夏文化与审美意识〉》，《楚雄师专学报》（社会科学版）1993年第2期。

[2] 施建业：《论汉族审美意识的内向性》，《民族艺术研究》1996年第4期。

[3] 陈望衡：《华夏审美意识基因初探》，《华中师范大学学报》（人文社会科学版）2000年第5期。

[4] 冯艳冰：《从色彩积淀的社会内容看汉民族的审美意识》，《南方文坛》1988年第4期。

生活的各个方面产生传递信息的效应，作为文明象征，色彩成了人类表达精神世界的语言。[1] 周湘萍则分析了因思维差异而导致的审美民族差异问题，指出中国人的整体、形象思维模式和西方人的逻辑与抽象思维模式，使得中西方民族审美在主客体关系、感性与理性、时空观、美与真、美与善的关系等五个方面形成了两种体系。[2]

朱志荣关于中国审美意识的研究对本课题和本选题的研究更具典范性，他从环境与发展、普遍与差异、渐进与突变三对范畴中宏观揭示了人类审美意识的生成、演变这一历史过程的动态性及其与人类生活的相关性。[3] 他在《商代审美意识研究》中详述了商代审美意识的背景、起源、特征、嬗变特征，以及文字、文学、陶器、玉器、青铜器等人类创造物中所呈现的审美意识和美学思想。随后，他在《商代审美意识的基本特征》和《商代审美意识历史变迁的特征》两文中集中阐发了商代审美意识本身及其变迁的特征。前文认为，商代的文字和器皿都体现了商人尚象制器的艺术精神，其中既包孕了商代宗教、政治等方面的社会内容，又不乏创造者的情感和趣味方面的个性因素，是中国传统艺术象形表意的滥觞；其观物取象的独特思维方式，寓意于线条、以抽象的形式象征、以具象的形态传神的表现手法，对后世的审

---

[1] 朱郁华：《古代中国人的色彩审美意识》，《江南大学学报》1990 年第 1 期。
[2] 周湘萍：《思维模式对民族审美意识的影响》，《武汉科技学院学报》2005 年第 5 期。
[3] 朱志荣：《审美意识历史变迁的基本特征》，《学术月刊》2001 年第 12 期。

美意识特别是造型艺术产生了深远的影响。[1]后文认为,在商代审美意识的历史变迁中,除了宗教和其他意识形态的影响外,从实用到审美的转换过程,多民族的文化交融,以及对待遗产的意识和继承的方式,均具有重要的意义。[2]在《中国审美理论》与《中国美学简史》两部专著中,他对研究审美意识的视角、方法等诸方面作了较好的理论梳理与实践开拓。在《夏商周美学思想研究》中,他以极大的学术勇气进一步直溯中国审美意识的源头,颇具建树。在《中国美学史中的审美意识史研究》一文中,他更明确提出学术界应致力于中国审美意识通史的研究,以彰显审美意识的民族性。[3]朱军[4]、陶国山[5]、李修建[6]、王惠[7]等人分别著文,对朱志荣中国审美意识研究的实绩与特点作了较好的总结。

武文指出,审美意识不单纯是一个美学问题,而且也是一个社会与文化的问题,审美意识具有文化中介的意义和价值。[8]

---

[1] 朱志荣:《商代审美意识的基本特征》,《苏州大学学报》(哲学社会科学版)2003年第1期。
[2] 朱志荣:《商代审美意识历史变迁的特征》,《美与时代》2004年第2期。
[3] 朱志荣:《中国美学史中的审美意识史研究》,《郑州大学学报》(哲学社会科学版)2010年第5期。
[4] 朱军:《依于本源而居者——评朱志荣〈商代审美意识研究〉》,《美与时代》2004年第2期。
[5] 陶国山:《追踪华夏美学的源头——评朱志荣〈商代审美意识研究〉》,《学术界》2004年第5期。
[6] 李修建:《直面器物的美学研究——读〈夏商周美学思想研究〉》,《文艺报》2009年12月5日第002版。
[7] 王惠:《论朱志荣审美意识研究的特点》,《艺术探索》2011年第5期。
[8] 武文:《审美意识中的文化价值导向》,《社科纵横》1998年第5期。

那么，这种中介功能又是借由何种媒介来实现的呢？这就涉及审美意识物态化特性。我们认为，审美意识物态化始终是为我们借由文字、器物、文学、艺术等人类创造物媒介研究审美意识的重要依据。关于这一特性的研究，张彦哲认为，审美意识的物化是在审美理想的指导下，以审美感受为基础，以审美趣味为特色的审美情感的对象化。[1] 赵民认为，审美意识物态化是艺术美创造的首要问题，艺术家的审美意识要通过一定的物质媒介传达出来，进行艺术美的创造。物态化的目的、方法、中外美学史上的例证以及物态的任务和条件，都是艺术美创造中应当把握的问题。研究审美意识物态化的过程和规律，才能更好地进行艺术美的创造。[2]

依据这一特性对审美意识展开的具体研究不胜枚举。譬如，朱志荣关于审美意识史的研究实践与心得是基于这一特性的。顾凤威、巫育民也认为，研究审美意识的发生和起源必须且只能靠已发掘出来的文物，文物是一个民族形象的直接的最可靠的历史。通过对文物的分析，他们认为，审美意识和艺术创作在新旧石器转型期开始萌芽，在仰韶文化时期即已萌生并获得了较充分的发展。[3] 再如王诗群凭借审美意识物态化特性，认为穿孔技术和多彩石料的利用使中国古人类对色彩、形态有了初步认识，劳动使他们萌生了朦胧的审美意识，从出土的小型艺术品（小尺

---

[1] 张彦哲：《作家审美意识物化形态论析》，《齐齐哈尔大学学报》（哲学社会科学版）2000年第6期。
[2] 赵民：《审美意识物态化》，《齐鲁艺苑》（山东艺术学院学报）2003年第4期。
[3] 顾凤威、巫育民：《美是怎样产生的？——从人类审美意识的生成看美的产生和发展》，《广西师院学报》（哲学社会科学版）2001年第4期。

寸雕塑或刻画艺术品）和岩画（洞穴壁画、崖画和岩刻）中，即可见出最初的空间感、张力感、运动感等审美意识。[1]朱堂锦《语言色彩的审美意识》[2]，张鹏《论艺术语言中的审美意识》[3]，苏和平《色彩民族审美意识表现符号论》[4]，李芃《古文字符号的抽象审美意识》[5]，黄交军的《从〈说文解字〉看中国先民的审美意识》[6]《从〈说文解字〉看中国先民的语言审美意识》[7]，《从〈说文解字〉看中国先民的伦理审美意识》[8]，《从〈说文〉语言本义看中国先民的语言审美意识》[9]，单鹏程《从喻人词语看汉民族的审美意识》[10]，许宝丹、蒋书丽《从〈说文解字〉看男性视角下的女性审美意识》[11]，谌莉文《委婉

---

[1] 王诗群：《浅析中国古人类的审美意识特征》，《美术大观》2006 年第 5 期。

[2] 朱堂锦：《语言色彩的审美意识》，《云南教育学院学报》1992 年第 4 期。

[3] 张鹏：《论艺术语言中的审美意识》，《昆明理工大学学报》（社会科学版）2002 年第 4 期。

[4] 苏和平：《色彩民族审美意识表现符号论》，《西南民族大学学报》（人文社会科学版）2005 年第 12 期。

[5] 李芃：《古文字符号的抽象审美意识》，《包装工程》2006 年第 4 期。

[6] 黄交军：《从〈说文解字〉看中国先民的审美意识》，《沈阳教育学院学报》2006 年第 4 期。

[7] 黄交军：《从〈说文解字〉看中国先民的语言审美意识》，《临沧师范高等专科学校学报》2007 年第 4 期。

[8] 黄交军：《从〈说文解字〉看中国先民的伦理审美意识》，《浙江教育学院学报》2007 年第 4 期。

[9] 黄交军：《从〈说文〉语言本义看中国先民的语言审美意识》，《广州广播电视大学学报》2008 年第 1 期。

[10] 单鹏程：《从喻人词语看汉民族的审美意识》，《十堰职业技术学院学报》2009 年第 1 期。

[11] 许宝丹、蒋书丽：《从〈说文解字〉看男性视角下的女性审美意识》，《文化学刊》2009 年第 4 期。

话语中的审美意识》[1] 等文，均为从色彩、语言文字方面活用物态化特性对审美意识展开具体研究的有力佐证。周腊生则通过对上古神话这一物态化形式的分析，从功利性（形式美不在视野之内）、直觉性（见物不见情）、封闭性（重父子相承、轻夫妻相爱）三方面揭示了中国上古神话体现的先民审美意识的总特点，即极为朦胧、原始且发展缓慢。[2] 不可否认，部分学者关于中国审美意识的研究颇具深度和前瞻性，但有分量的系统研究成果所占比重仍然很小，此项研究仍有极大的拓展和发掘空间。

第四节　中国元素：走向未来的复兴利器

如前所述，百年中国审美意识研究经历了历史自觉的线性轨迹，描画出理论自觉的网状格局，探索到由器而道的最佳路径。与此同时，也拉开了立足本土、对话国际、面向未来的复兴序幕，走到了改变欧洲中心主义、建立中国学派的重要关口。在全球化的今天，如何继承和发扬我们民族丰厚的物质文化遗产和审美遗存？如何谋求中华文明在全球化语境中的国际话语权？如何实现中华文明的全球彰显？这些都是摆在当代学人面前的重大命题。学界公认，中华美学的复兴与中华文明的全球彰显，势必要吸收朱光潜、宗白华、冯友兰等前辈学者的理论成果，从经典思想家那里"接着讲"。怎么接着讲？首先要有一个利器，即中国元素。

---

[1]　谌莉文：《委婉话语中的审美意识》，《理论月刊》2009 年第 2 期。
[2]　周腊生：《中国上古神话审美意识的三个特点》，《江汉论坛》1986 年第 5 期。

一、紧扣中国元素，盘活审美遗存

21世纪以来，朱志荣等人的实践为我们开辟了一条新路。他们在梳理审美遗存、发掘中国元素方面实绩斐然，创拓出中国美学研究的新范式。

中国审美意识通史研究的命意，旨在解读、分析和概括中国古代的艺术品、生活用品遗存（包括非物质文化遗产，如通过口头传播的神话、传说、民歌、民谣等，一些社会风俗习惯等方面的遗存等）中的审美意识物化形态和相关信息，依凭审美意识史、美学思想史与美学理论史互补统一的方法，扩大美学研究的范围，弥补文献材料的匮乏对美学研究所带来的限制，重新审视过去的美学研究存在的片面之处、误解和武断现象，并多层面地、相互印证地、更为合理地重构中国美学史。此项研究的深入展开，势必从古代审美资料中为我们抽绎出符合中国传统、极富民族特色、堪称华夏表征的元素。

朱志荣等人的研究尚在继续，期待他们从古代审美遗存中抽绎出代表中国形象、蕴藉中国精神、彰显中国气韵的中国元素，取得丰硕成果。

二、立足中国元素，创建中国学派

中华传统美学现代转型的实践给予我们三重启示：其一，中国形象须凭借中国元素的器物承载方可牢固树立。凡是中华民族独有的器物、文物、遗存、遗迹等审美意识物化形态，如编钟、毛笔、砚台、折扇、苏锦等，都能够以其独特的中国元素在国际文化交往和交流中成为中国形象的代言、载体，予人以强烈的视觉冲击和深刻的符号印象。其二，中国精神须依托中国元素的礼仪的光大方可久远传播。刚健有为、中和为美、崇德利用、天人协调等中国传统文化精神往往蕴涵于长期积淀的尊祖宗、重人伦、崇道德、尚礼仪等礼仪制度之中，显现于社会习俗、日常生活的方方面面。离开了礼仪的光大，这些精神亦将无所依存、行之不远。其三，中国气韵须借由中国元素的文艺形式方可完美彰显。中华民族的先民在长期的生产生活和文艺实践中形成了迥异于西方的重气尚韵的天人观、文艺观和气韵观，这种独特的中国气韵往往借由书法、绘画、雕塑、园林、音乐、舞蹈、戏曲、诗词等独特的文艺形式展现出来，离开了这些鲜活的土壤，气韵将失去活力，不再生动。

因此，站在21世纪中华民族伟大复兴新征程的新起点上，当代学人要创建世界美学体系的中国学派，树立良好的中国形象，传播当代的中国精神，彰显独特的中国气韵，就必须立足于中国元素。从这个意义上讲，循着朱志荣等人创拓的审美意识研究新范式，以中国元素为复兴利器，梳理和总结中国形象在器物层面的物态媒介，发掘和整理中国精神在制度层面的文明载体，抽绎和提炼中国气韵在道、体层面的思想内核，就成为我们复兴中华文明、创建中国学派的首要任务。这既是对审美意识物化属性的灵活运用，也是审美意识理论发展的时代需求，更是复兴图强的民族使命的重要实践。

综上可知，中华传统美学现代转型具有显著的线性轨迹和历史自觉的价值诉求。它从救亡图存的治平初衷出发，以引进西学为起点；从论争图立的历史需求出发，以研习马列为进阶；从对话图新的时代风尚出发，以对话国际为手段；从复兴图强的民族使命出发，以草创中体为旨归，围绕中国古典传统审美意识现代化这一重大主题循序展开。这是百年中国审美意识特征研究总的学术背景。

中华传统美学现代转型具有明显的网状格局和理论自觉的系统渴求。它经历了西学东渐、马列指引、走向大众的发展过程，伴随着思维水平、认识能力的不断提升和人的自觉自由本质和主体能动性不断发展、进步，并循着本体论、主体论、价值论、认识论的路向，实现了由浅入深、由表及里、由向外（外界对象）求美到向内（人自身）求美的艰难转向。

中华传统美学现代转型具有强烈的民族特色和道路自觉的现实探求。它始终立足中华民族这一本根，立足本土、赓续传统，融合会通、走向现代，对话国际、面向世界，开始以文化自觉、文化自信和文化自强的昂扬姿态，在审美意识理论新创上走上本土化、现代化、国际化的复兴图强转型轨道。

中华传统美学现代转型的未来终将着落于中国元素这一审美意识物态化媒介上。在全球化的今天，中华民族的伟大复兴与中华文明的全球彰显，势必要以中国元素为复兴利器，梳理和总结中国形象在器物层面的物态媒介，发掘和整理中国精神在制度层面的文明载体，抽绎和提炼中国气魄在道、体层面的思想内核。而这一切，都有待于学界在21世纪新征程上的共同垦拓与不懈努力。

结语

一、传统学术现代转向

传统学术现代转向问题涉及的范围广、内容多，头绪复杂，其全局性研究乃系统工程，已远超本课题研究范围。但若要对传统美学现代转型展开讨论，真正领悟到中华传统美学现代转型的思想内涵和历史底蕴，则必须要有对学术转型全局进行整体思考的宏观视野。回望传统学术现代转向的历史实际可知，这一转向过程蕴藏着两条主线：一为传统学术本体发展演进的主线，即传统学术形态的自我解体及逐步蜕变；一为西学输入并侵蚀乃至取代中学主导地位的主线，即自晚明清初以来的西学东渐。两线互相促进，传统学术形态的自我解体及逐步蜕变是学术转型的内因，而西学输入并侵蚀乃至取代中学主导地位是学术转型的外因，内因和外因的共同作用推动着中国学术由传统向现代过渡。总体来看，中国传统学术绵延数千年，有着强大生命力与内在逻辑，数千年来虽历经思潮迭起、观念更替，然历代学术主流思潮间彼此呼应、相互衔接、环环相扣，自身发展逻辑始终一贯、连续。以此为前提与出发点观之，传统学术的现代转向，于16世纪中叶迄今的数百年间，数次遭遇"三千年未有之大变局"（李鸿章语），尤以西方异质学术文化冲击为显，经历了孕育、发展、蜕变的复杂、曲折的漫长历程，最终酿成中国学术史自先秦以来最伟大繁荣的时代。以16世纪中叶西方传教士陆续进入中国进行知识传教、学术传教为起始，直至民国，在西力东侵、西学东渐的背景下，在与西方文化融合的过程中，中国学术的世界化与现代化先后经历了明清之际的传统学术转向初潮、清末民初时期现代学术的建立之路。中华传统美学也随着传统学术的现代化踏上了现代转型之路。

（一）学术转向历程

晚明之际，西方正处于文艺复兴极盛时期，中西方都出现了相近的文化启蒙思潮，它们一同预示着一种近代化态势。理学的禁锢与衰落，意味着中国文化需要再次吸纳和借助一种新的异质文化资源进行艰难的重建工作，而在中国文化或东方文化内部，已无提供新的文化资源的可能，这在客观上为中西文化的遇合与交融、学术重建与转型创造了条件。

大约从16世纪中叶起，西方传教士陆续进入中国南部传教，他们的传教活动，开始了中国与西方文化第一次较有广度与深度的交流，率先揭开了中国学术最终走向世界文化大融合的序幕。[1]作为知识传教、学术传教的成功奠基者，意大利传教士利玛窦成功说服明朝大臣兼科学家徐光启、李之藻、杨廷筠三人先后入基督教，成为晚明天主教三大柱石，三人与利玛窦密切合作，一同翻译了大量科学著作，由此奠定了明清之际西方传教士来华开展知识传教、学术传教之基础。据统计，明末清初西方传教士共译书籍达378种之多，这些书籍的宗教主导性与学科倾向性十分明显。此外，汉学著作达到49种，这表明西方传教士在西学东渐之学术输出的同时，也逐步重视中学西传之学术引进，至清初达于高潮。在晚明的中西学术文化初会中，徐、李、杨等人以极大的热情研习西学著作，会通中西学术，其主要工作包括

---

[1] 据法国学者荣振华统计，在1552—1800年的近250年间，中国境内的传教士达975人。参见荣振华《在华耶稣会士列传及书目补编》，耿昇译，中华书局1995年版，第4页。

合译、研习、反思、会通、创新等五个方面，尤其是徐光启提出的"翻译—会通—超胜"的学术思路是相当先进的。以上几个方面是明末清初科技界对于西学输入的总体反应及其所取得的主要成绩，也是当时科技界初显近代科技之曙光、初具近代新型学者之因素的集中表现。中国传统美学借由学术转型初潮影响，首次遭遇西方思想文化中的现代因子观念的冲击。可惜的是，随着明清鼎革，晚明以来的第一波西学东渐，因种种原因被中止，代之以传统学术的强势复归。对传统学术而言，这无疑是福音，因为它导致了对传统学术的总结，促进了传统学术的发展，并由此结出了丰硕成果，使其实质上成为中国古代文化学术的最后辉煌。梁启超《清代学术概论》曾将清代学术分为四期，并将其发展归结为"以复古为解放"，诚为的论。但梁氏又将清代思潮类比为欧洲文艺复兴，忽略了彼此的异质性，未免失当。对封建中国近现代转型而言，这一时期西学东渐的中止却不啻为一场灾难，因为它不仅打乱了晚明以来中国走向近代的历史进程，而且改变甚至中止了中西文化学术交流与融合的前行方向，也使得传统社会文化和传统学术乃至传统美学近现代转型的进程明显迟滞。

近代以降，文化之新论层出不穷，中国社会经历了近两千年未有之大变局，中国传统文化迎来了异质文化的强烈冲击。五四运动高擎民主与科学的大旗，在"输入学理""再造文明""重新估定一切价值"观念的导引下，各种新思潮、新学说纷至沓来、蜂拥而入。杜威的实证主义、马克思的唯物论、柏格森的生命哲学等形成了近代以来空前规模的学理输入。这些西方新近的文化成果在民国社会广泛传播，进一步开拓了民国知识分子的视野，为传统学术的现代转型奠定了重要的文化基础。在文化转型的大背景下,作为文化核心内容之一的传统学术亦吸收借鉴国外先进之模式,调适自身发展之状况,走上现代转型之道路。传统学术现代转型的内容之一是由四部之学向七科之学的转变,其实质是从文史不分、讲求博通的通人之学向现代分科治学的专门之学的转变,其类型可分为转化之学,如历史学、考古学、哲学、语言文字学等学科门类,以及移植之学,如美、数、理、化、生、地、动植物学等学科门类。[1] 美学这门主要由西学移植而来的学科,正是在传统学术的现代转型过程中,在中国萌芽、初创、发展、壮大而完成现代转型的。

(二)现代学术建立

夏锦乾曾言:"西学的进入中国使中国学术发生了从求'实'到向客观世界求'真'的转向,从而从根本上开启了20世纪中国现代学术的真正变革。"[2] 陈平原亦称:"讨论学术范式的更新,锁定在戊戌与五四两代学人,这种论述策略,除了强调两代人的'共谋'外,还必须解释上下限的设定。相对来说,上限好定,下限则见仁见智。在我看来,1927年以后的中国学界,新的学术范式已经确立,基本学科及重要命题已经勘定,影响深远的众多大学者也已登场。另一方面,随着舆论一律、党化教育的推行,晚清开创的众声喧哗、思想多元的局面也不复存在,取而代

---

[1] 宋晋凯:《民国前期数学现代转型的文化观照(1912—1935年)》,山西大学2020届博士论文。
[2] 夏锦乾:《从求实到求真——试论中国学术现代转型的起点》,《学术月刊》1998年第9期。

之的是立场坚定、旗帜鲜明的党派与主义之争,20世纪中国学术从此进入了一个新的时代。"[1]现代学术的建立无疑直接受益于晚清迄至民国西学东渐的重启。

民国时期,文化变革剧烈,社会思潮汹涌,在科学文化空前繁荣的背景下,中国传统学术发生根本性转变,逐步完成了体制化进程,现代转型初步完成;中国现代学术经过发展,开始走向成熟并取得辉煌的学术成就,学术名家辈出,各门学科纷纷建立,在学术、学科、学人、学会等建制建设方面发生了根本性的转变;马克思主义开始与中国的学术研究结合起来,并逐渐在中国学术界占据主导地位。在学术现代转型的浪潮中,学界对现代学术的本质、价值、真理等进行了深刻的理论反思和哲学审视,构筑起具有独特时代文化特质的现代学术思想文化形态。此期的现代学术思想文化颠覆了中国传统学术的观念认知,与学术现代转型相互耦合、互为促进,也为此期学术研究高潮的到来奠定了坚实的文化根基。对中华传统美学现代转型而言,现代学术建立的主要功绩在主体培育方面,为中国的现代学术乃至传统美学现代转型准备了领军主导力量、时代精神坐标、学术体系核心。

其一,为中国学术和传统美学完成现代转型并与世界接轨培育了领军主导力量。此期快速成长起一批新型知识群体,主要有三类:一是开明官员知识群体。一批朝廷重臣、地方要员,除了大兴工厂之外,还开设书局,组织人力翻译西书;创办学校,培养新型人才;又与西方传教士、外交官员及其他人士广泛交往,

---

[1] 陈平原:《中国现代学术之建立:以章太炎、胡适之为中心》,北京大学出版社2010年版,第8—9页。

成为推动中国走向近现代化的主导力量。二是新职业知识群体。他们主要在书局、报社、刊物等从事翻译、写作、编辑等新兴职业，是旧式文人通过新职业转型为新型知识群体的杰出代表。三是新教育知识群体。包括海外留学、国内传教士创办的教会学校与中国人仿照西方创办的新式学校培养的学生群体，但以留学生为主体，这些留学生后来大都成长为政治家、军事家、思想家、科学家以及著名学者，成为现代学科的开创者与现代学术的奠基者。以上三类群体的成长以及代际交替，为现代学术的建立与传统美学现代转型奠定了重要的主体条件。

其二，为中国学术和传统美学完成现代转型并与世界接轨凝练出时代精神坐标。梁启超曾以切身感受扼要揭示了半个世纪以来中国知识分子伴随近代化进程的心路历程变化。五十年间的三个历史阶段，是晚清以来从物质到制度再到文化变革渐进过程与知识分子精神觉醒进程内外两方面作用的结果。当然，这种代际快速转换与思想剧变的文化现象只是当时特定历史条件的产物，虽有利于快速推进中国学术与传统美学的现代化进程，但也由此造成了相当严重的后遗症。

其三，为中国学术和传统美学完成现代转型并与世界接轨建构了现代学术体系核心成果。表面看来，中西比较观主要缘于"本土—西方"关系，标示着中国学术和传统美学从本土走向世界的共时性维度，但在中西比较的视域中，以西学为参照来改造中国传统学术，为自强而重塑传统美学精神，即由"本土—西方"关系转换为"传统—现代"关系，以及从传统走向现代的历时性维度。可见中国学术和传统美学的现代化与世界化本是相互依存、相互促进、并可以相互转换的。晚清以来新型学者群体在急切向西方学习过程中而形成的中西观的历史演进与内在逻辑，曾先后经历了中西比附、中体西用、中西体用、中西会通、激进西化观的剧烈演变，从而为五四新文化运动的兴起与现代学术体系的建构乃至中华传统美学现代转型铺平了道路。

经过五四新文化运动的精神洗礼，通过从文化启蒙向学术研究的转移，从全盘西化走向吸取西学滋养，从全面批判走向对传统学术的意义重释与价值重估，由梁启超、王国维、章炳麟、刘师培、胡适等一批拥有留学经验、学贯中西的学者承担了开创现代学科、建立现代学术以及复兴中国学术的历史使命，终于在与世界的接轨中完成了中国学术从传统向现代的转型。陈平原先生在《中国现代学术之建立——以章太炎、胡适为中心》一书中借用库恩的"范式"理论衡量中国现代学术转型与两代人的贡献，认定1927年是中国现代学术建立的关键时刻，其标志性的核心要素在于：一是新的学术范式的建立。戊戌、五四两代学人的学术接力，创建了现代的学术范式，包括走出经学时代、颠覆儒学中心、标举启蒙主义、提供科学方法、学术分途发展、中西融会贯通，等等。二是现代学科体系的建立。此实与现代教育制度逐步按西学知识体系实施分科专业教育密切相关，其中"西化"最为彻底的，也最为成功的，当推大学教育。三是现代大学者群体的登场。这是一个需要巨人而又创造了巨人的时代，他们既是推动中国学术与传统美学现代转型的主导力量，也是中国现代学术与中国现代美学建立的重要成果。

正是在中国现代学术建立的前提下，伴随着学术研究的现代转型和新型学制的逐步确立，中国现代美学学科才得以在此期间确立，为中华传统美学现代转型奠定了坚实的学科基础。

二、传统美学现代转向

与传统学术相比，现代学术之所以产生和发展，正源于其受到了西方特别是现代科学精神、科学方法、现代知识背景以及各种思想观念的输入、吸收和转化的深刻影响。中华传统美学现代转型也源于这种知识背景和社会思潮。因此，中华传统美学现代转型之初就面临着外来知识理论本土化和传统思想现代化的双重困境，面临着必须在中国与西方、传统与现代这两对充满紧张关系的两极之间做出抉择的难题。迥异于中国历史上的古今之争，20世纪的古今之争由于西方"他者"维度与新视野、新观念的植入而被赋予了新的内涵。

（一）两种基本范式

中华传统美学现代转型在20世纪初期就被两位中国现代美学先驱分为两途，一为王国维所开启的中华传统美学的体验论转向，一是梁启超所开启的中华传统美学的认识论转向；由此形成了两种基本范式，启发和影响了中华传统美学在20世纪的现代转型与理论建构。

戊戌变法失败后，梁启超流亡日本，创办报刊，撰写西方思想学案以介绍各种新学说，批判中国旧学及专制制度，提出改造国民性的新民理论。也正是在这种背景下，梁启超开始了他对传统美学思想的现代认识论方向的创造转换与发展、更新。他发表《译印政治小说序》《论小说与群治之关系》，传布"欲新民，必自新小说始"的小说界革命论；连载《饮冰室诗话》，借评论众多诗人的新诗作，阐发"以旧风格含新意境"的诗界革命论；并将其以"俗语文体"写"欧西文思"的文界革命理想，纳于《夏威夷游记》《小说丛话》等文中。其所倡导的这一切新思想、新认识论形态的美学观，又均以思想启蒙、社会改良及国民性改造为指归。由于中国古典文化在西方文明的入侵与强势压迫下全面崩溃，以西方文化为参照来从事现代性启蒙与民族救亡工程以重建中国自我形象，就成为20世纪中国人的迫切需求、任务与课题。因此，这种20世纪中国文化语境的特殊情形与需要，使得重视审美和艺术的社会功能的认识论美学逐渐形成，且不断得以强化，并由于中国社会文化的特殊情况而在相当长的时期里成为主流（中心）话语形态。

中国古代虽然有着丰富的美学思想与审美创造，却并未形成一门专门的学问。王国维不仅为中国引入美学这个学科名称，还在广泛吸收康德、叔本华、尼采等人美学思想的基础上，运用它们来阐释中国传统的文学艺术问题，为中国现代学术形态的美学思想的建构作出了开创性的贡献。王国维对于借鉴、学习、吸收西学以推进和改造本土文化有着相当的自觉，这是与西学东渐、西学大量输入的大趋势相适应的。王国维在1905年发表的《论近年之学术界》中，主张利用外在力量来刺激中国学术思想的发展。20世纪初，对于西方哲学和美学的介绍，已经发展到一定程度，特别是对德国哲学与美学的介绍尤为突出。王国维主编的《教育世界》是最早的主要媒介之一。在王国维发表《〈红楼梦〉评论》的前期，《教育世界》就集中发表了十余篇有关德国文化与美学的文章，从此，德国美学在20世纪始终作为重要的思想资源与参照系，与中国传统美学构成显在或潜在的对话，构成中国学人相当普遍的知识背景，并持续地促进着中国现代美学学术思想的发展与学术知识的增长。王国维不仅接受了西方现代哲学和美学思想方法，还建立了相当清晰的现代学术观念和意识。他说："事物无大小，无远近，苟思之得其真，纪之得其实，极其会归，皆有裨于人类之生存福祉。……世之君子，可谓知有用之用，而不知无用之用者矣。"[1] 他认为哲学和美学都是非政治和功利主义的，绝不能与政治和社会活动联系在一起。正因如此，他的研究成果才成为中国现代美学建构的学术形式，为后世树立了典范。王国维美学思想所具有的现代学术特征，与刘熙载、况周颐等人的传统美学思想截然不同。例如，作为体系严密的理论之作，其《〈红楼梦〉评论》为中国数千年传统审美批评所未有。叔本华哲学美学理论这一新的理论视野与知识依据，为作品的意义阐释打开了一种新视界，由此，王国维对《红楼梦》作出了全新的意义阐释。

王国维力图以中国文化及美学资源为本位，同时广泛吸收西方，特别是德国体验美学的丰富思想，建立起中国现代体验论美学的新方向、新范式。体验论美学借鉴康德、席勒美学思想，突出强调艺术、审美对于人的个体生命存在的重要意义与价值，重视人生的艺术化与艺术的人生化，同时反对将审美与艺术政治化、现实功利化。这显然与梁启超认识论美学的功利化根本对

---

[1] 王国维：《国学丛刊序》，载《王国维文集》，北京燕山出版社1997年版，第416页。

立。值得一提的是，体验论美学在中华传统美学现代转型历程中长期被边缘化，直至20世纪80年代才得以重新彰显。

（二）传统美学激活

在借鉴西方美学以建构现代形态的中国美学理论的过程中，中华传统美学仍然具有潜在而有力的影响。中国现代美学与传统美学之间存在着重大的或潜在的继承和变异。由于西方文明这一异质因素的植入与在民族危亡的精神压力下的主动迎合，中国固有的文化发展出现了一种强烈的变异，旧有的文化惯性下的发展轨迹被打断，传统文化也在从19世纪末开始到20世纪初达到高潮的激烈反传统思潮中被否定、批判和弃置。[1] 然而，传统不能完全脱离现代世界，也不能完全拒绝现代世界，它仍然扮演着一个潜在的隐藏角色。由于西方文明异质性因素的介入，这一传统不可避免地发生了变化。这种情形同样发生在中华美学思想由传统向现代与学科建设的创造性转化过程之中。

其一，中华传统美学及其相关知识，构成了吸收西方美学及其相关知识的潜在基础与前理解结构。美学作为人类的精神科学，与自然科学不同的是，它必须有一个理解问题。譬如，王国维对叔本华哲学、美学思想的接受，一方面是受中国传统直觉体验的审美思维方式的制约，一方面是叔本华哲学、美学思想具有的东方文化色彩，特别是其深受印度佛教的影响，对于王国维这类有佛学知识背景的知识分子而言，显然具有相当的亲和性与关联性。特别是晚清以来伴随着近代佛学复兴，学术界盛行一种以

---

[1] 参见林毓生《中国意识的危机：“五四”时期激烈的反传统主义》，穆善培译，贵州人民出版社1988年版。

佛教来印证西方哲学的风气。因而传统的承继、时代的风气、民族审美思维方式等诸种因素，对于王国维接受、服膺叔本华哲学与美学，产生了不可忽视的潜在的能动影响与制约。

其二，西方美学思想是在不断被介绍、引入并本土化的过程中逐渐对中华传统美学产生影响的。中华传统美学在消化、吸收、利用并将西方美学思想资源本土化的过程中，势必对西方美学思想产生合理化误读和变化，以使其更加容易被本民族接受、吸收，从而实现与中华传统美学的有效融合。可见，这种合理化误读的前提和有效性融合的知识背景正是中华美学传统的潜在作用。回望中华传统美学现代转型的历程，不难发现，这样的情况曾一再出现。由此可见，中华传统美学在面对西方美学资源时具有强大惯性与不容忽视的影响力。

其三，中华传统美学现代转型进程中，传统美学资源中的有效部分有赖于西方美学思想由外而内的激活。这种激活主要表现在三个方面：传统美学的转型需要西方美学这一"他者"或外力的强力介入来促发；传统美学资源的有效性需要借西方美学这一"他者"作为参照系，以西方的新视野来反观、凸显，从而重新审视、重新发现、重新加以有效利用；传统美学资源的现代建构需要借鉴、参考西方美学这一"他者"的现代学科体系框架，以快速搭建起中国现代美学学科体系框架的合理雏形。事实证明，只有注重继承和利用中华传统美学有效资源，充分借鉴西方美学资源中可供借鉴的部分，做到创新型继承和创造性发展的学术实践和理论尝试的学者，才能在中华传统美学现代转型进程中有所斩获。诚如陈寅恪先生所言："其真能于思想上自成系统，有所创获者，必须一方面吸收输入外来之学说，一方面不忘本来民族之地位。此二种相反而适相成之态度，乃道教之真精神，新儒家之旧途径，而二千年吾民族与他民族思想接触史之所昭示者也。"[1] 这不啻为中国传统美学现代转型的一个理论指导原则。

---

[1] 陈寅恪：《金明馆丛稿二编》，上海古籍出版社1980年版，第252页。

参考文献

阿英. 小说闲谈四种. 上海：上海古籍出版社，1985.

八大山人纪念馆编. 八大山人研究. 南昌：江西人民出版社，1988.

巴金等. 我读《红楼梦》. 天津：天津人民出版社，1982.

白砥. 书法空间论. 北京：荣宝斋出版社，2005.

白盾主编. 红楼梦研究史论. 天津：天津人民出版社，1997.

薄子涛. 聊斋艺术谈. 北京：中国文联出版公司，1987.

蔡星仪. 恽寿平研究. 天津：天津人民美术出版社，2000.

蔡毅编著. 中国古典戏曲序跋汇编. 济南：齐鲁书社，1989.

蔡元培. 蔡元培美学文选. 北京：北京大学出版社，1983.

陈抱成. 中国的戏曲文化. 北京：中国戏剧出版社，1995.

陈大康. 中国近代小说编年. 上海：华东师范大学出版社，2002.

陈芳. 清初杂剧研究. 台北：台湾学海出版社，1991.

陈方既，雷志雄. 书法美学思想史. 郑州：河南美术出版社，1994.

陈洪. 中国小说理论史. 合肥：安徽文艺出版社，1992.

陈节. 中国人情小说通史. 南京：江苏教育出版社，1998.

陈居渊. 清代诗歌与王学. 台北：文津出版社，1994.

陈美林，冯保善，李忠明. 章回小说史. 杭州：浙江古籍出版社，1998.

陈美林. 吴敬梓研究. 南京：南京师范大学出版社，2006.

陈谦豫. 中国小说理论批评史. 上海：华东师范大学出版社，1989.

陈庆浩. 新编石头记脂砚斋评语辑校（增订本）. 北京：中国友谊出版社，1987.

陈汝衡. 吴敬梓传. 上海：上海文艺出版社，1981.

陈师曾. 中国绘画史. 北京：中华书局，2010.

陈世旭. 孤独的绝唱：八大山人传. 北京：作家出版社，2014.

陈廷祐. 书法美学新探. 北京：商务印书馆，1997.

陈万鼐. 洪昇研究. 台北：台湾学生书局，1970.

陈望衡. 中国古典美学史. 武汉：武汉大学出版社，2007.

陈维昭. 红学与二十世纪学术思想. 北京：人民文学出版社，2000.

陈文. 历史的超越：明清书法美学探微. 北京：北京燕山出版社，1997.

陈香. 聊斋志异研究. 台北：台北"国家"出版社，1983.

陈寅恪. 柳如是别传. 上海：上海古籍出版社，1980.

陈云君. 中国书法美学纲要. 天津：天津科学技术出版社，1988.

陈振濂. 书法美学. 济南：山东人民出版社，2006.

陈祖武. 清代学术源流. 北京：北京师范大学出版社，2012.

程华平. 中国小说戏曲理论的近代转型. 上海：华东师范大学出版社，2001.

承名世，承载. 恽南田. 南京：江苏人民出版社，1983.

崔尔平选编点校. 明清书法论文选. 上海：上海书店出版社，1995.

戴逸. 清史. 北京：中国大百科全书出版社，2010.

邓长风. 明清戏曲家考略. 上海：上海古籍出版社，1994.

邓长风. 明清戏曲家考略续编. 上海：上海古籍出版社，1997.

邓长风. 明清戏曲家考略三编. 上海：上海古籍出版社，1999.

丁汝芹. 清代内廷演戏史话. 北京：紫禁城出版社，1999.

丁文隽. 书法精论. 北京：中国书店，1983.

董每戡. 五大名剧论. 北京：人民文学出版社，1984.

董上德. 古代戏曲小说叙事研究. 广州：广东高等教育出版社，2007.

杜贵晨. 传统文化与古典小说. 保定：河北大学出版社，2001.

杜颖陶. 曲海总目提要拾遗. 上海：世界书局，1936.

杜云编. 明清小说序跋选. 南宁：广西人民出版社，1989.

段启明. 《红楼梦》艺术论（修订本）. 北京：北京师范学院出版社，1990.

樊波. 中国书画美学史纲. 长春：吉林美术出版社，1998.

范淑敏. 戏曲艺术的继承与创新. 大舞台，2011（4）.

方正耀. 中国古典小说理论史（修订版）. 上海：华东师范大学出版社，2005.

傅抱石撰，承名世导读. 中国绘画变迁史纲. 上海：上海古籍出版社，1998.

傅惜华. 清代杂剧全目. 北京：人民文学出版社，1981.

傅憎享. 《红楼梦》艺术技巧论. 沈阳：春风文艺出版社，1986.

高玉海. 明清小说续书研究. 北京：中国社会科学出版社，2004.

葛兆光. 道教与中国文化. 上海：上海人民出版社，1987.

龚自珍. 龚自珍全集. 上海：上海人民出版社，1975.

顾平旦主编，刘伯渊，殷小冀整理. 《红楼梦》研究论文资料索引（1874—1982）. 北京：书目文献出版社，1982.

顾祖钊. 艺术至境论. 天津：百花文艺出版社，1992.

郭绍虞. 照隅室古典文学论集. 上海：上海古籍出版社，2009.

郭延礼主编，孙之梅著. 中国文学精神（明清卷）. 济南：山东教育出版社，2003.

郭因. 中国绘画美学史稿. 北京：人民美术出版社，1981.

郭英德. 明清传奇史. 南京：江苏古籍出版社，1999.

郭豫适. 红楼研究小史稿（清乾隆至民初）. 上海：上海文艺出版社，1980.

韩进廉. 中国小说美学史. 石家庄：河北大学出版社，2004.

韩南. 中国近代小说的兴起. 徐侠译，上海：上海教育出版社，2004.

何满子. 蒲松龄与聊斋志异. 上海：上海出版公司，1955.

何平华. 八大画风与楚骚精神. 南昌：江西美术出版社，2004.

何泽翰. 儒林外史人物本事考略. 上海：古典文学出版社，1957.

黑格尔. 美学（第三卷）. 朱光潜译. 北京：商务印书馆，1981.

洪昇著，徐朔方校注. 长生殿（插图版）. 北京：人民文学出版社，1958.

侯镜昶主编. 中国美学史资料类编·书法美学卷. 南京：江苏美术出版社，1988.

侯忠义. 中国文言小说史稿（上）. 北京：北京大学出版社，1990.

侯忠义，刘世林. 中国文言小说史稿（下）. 北京：北京大学出版社，1993.

胡晨. 洪昇考略. 文学遗产，1963（增刊）.

胡适. 中国章回小说考证. 上海：上海书店，1980.

胡士莹. 话本小说概论. 北京：中华书局，1980.

胡文彬.《红楼梦》在国外. 北京：中华书局，1993.

胡晓真主编. 世变与维新：晚明与晚清的文学艺术. 台北："中研院"中国文哲研究所，2001.

戴逸主编，黄爱平著. 18世纪的中国与世界·思想文化卷. 沈阳：辽海出版社，1999.

黄丽贞. 中国戏曲的语言艺术. 广州：暨南大学出版社，2010.

黄霖，韩同文选注. 中国历代小说论著选（修订本）. 南昌：江西人民出版社，2000.

黄毅，许建平. 二十世纪中国古代小说研究的视角与方法. 上海：复旦大学出版社，2008.

黄宗羲. 黄宗羲全集. 杭州：浙江古籍出版社，1985—1994.

季伏昆编著. 中国书论辑要. 南京：江苏美术出版社，2000.

江巨荣. 古代戏曲思想艺术论. 上海：学林出版社，1995.

姜寿田. 中国书法理论史. 石家庄：河北美术出版社，2009.

姜书阁. 骈文史论. 北京：人民文学出版社，1986.

蒋瑞藻编，江竹虚标校. 小说考证. 上海：上海古籍出版社，1984.

蒋松源，谭邦和. 明清小说史. 武汉：长江文艺出版社，1996.

金开诚，王岳川. 书法艺术美学. 北京：中国文联出版社，1995.

金学智. 中国书法美学. 南京：江苏文艺出版社，1994.

康保成. 中国近代戏剧形式论. 桂林：漓江出版社，1991.

孔另境编. 中国小说史料. 上海：中华书局，1936.

孔尚任著，王季思，苏寰中，杨德平注. 桃花扇（插图版）. 北京：人民文学出版社，1959.

蓝凡. 中国戏剧比较论. 上海：学林出版社，2008.

郎秀华. 中国古代帝王与梨园史话. 北京：中国旅游出版社，2001.

雷群明. 聊斋艺术通论. 上海：生活·读书·新知三联书店上海分店，1990.

李春林. 大团圆：一种复杂的民族文化意识的映射. 北京：国际文化出版公司，1988.

李汉秋编. 儒林外史研究资料. 上海：上海古籍出版社，1984.

李厚基，韩海明. 人鬼狐妖的艺术世界：《聊斋志异》散论（附选注百篇）. 天津：天津人民出版社，1982.

李兴洲编著. 中国书法精要. 北京：学苑出版社，1996.

李修生主编. 古本戏曲剧目提要. 北京：文化艺术出版社，1997.

李永祥. 蒲松龄传. 济南：山东文艺出版社，1993.

李泽厚，刘纲纪主编. 中国美学史. 北京：中国社会科学出版社，1984.

李泽厚. 美学三书. 合肥：安徽文艺出版社，1999.

廖奔. 中国古代剧场史. 郑州：中州古籍出版社，1997.

林辰. 明末清初小说述录. 沈阳：春风文艺出版社，1988.

林值峰. 《聊斋》艺术的魅力. 上海：学林出版社，1995.

凌廷堪，王文锦点校. 校礼堂文集. 北京：中华书局，1998.

刘纲纪. 书法美学简论. 武汉：湖北人民出版社，1979.

刘辉. 洪升生平考略//戏曲研究（第五辑）. 北京：文化艺术出版社，1982.

刘辉校笺. 洪昇集. 杭州：浙江古籍出版社，1992.

刘阶平. 蒲留仙传. 台北：台湾学生书局，1970.

刘良明. 中国小说理论批评史. 武汉：武汉大学出版社，1991.

刘梦溪. 红楼梦与百年中国. 北京：中央编译出版社，2005.

刘墨. 中国名画记全集：八大山人. 石家庄：河北教育出版社，2003.

刘奇玉. 古代戏曲创作理论与批评. 北京：中国社会科学出版社，2010.

刘世珩. 汇刻传剧. 1919年暖红室刊本.

刘荫柏. 洪昇散佚剧目钩沉. 文献，1989（4）.

刘治贵. 中国绘画源流. 长沙：湖南美术出版社，2003.

卢前. 明清戏剧史. 上海：商务印书馆，1935.

鲁迅. 中国小说史略. 北京：人民文学出版社，1958.

路大荒，赵苕狂编. 聊斋全集. 上海：世界书局，1936.

陆萼庭. 清代戏曲家丛考. 上海：学林出版社，1995.

马积高. 清代学术思想的变迁与文学. 长沙：湖南出版社，1996.

马瑞芳. 蒲松龄评传. 北京：人民文学出版社，1986.

马振方. 聊斋艺术论. 上海：上海文艺出版社，1986.

马宗霍辑. 书林藻鉴 书林纪事. 北京：文物出版社，1984.

毛佩琦主编. 中国文化发展史·明清卷. 济南：山东教育出版社，2013.

毛万宝. 书法美学论稿. 北京：中国文联出版社，1999.

梅新林. 红楼梦哲学精神. 上海：华东师范大学出版社，2007.

孟繁树. 洪升及《长生殿》研究. 北京：中国戏剧出版社，1985.

孟醒仁. 吴敬梓年谱. 合肥：安徽人民出版社，1981.

孟瑶. 中国小说史. 台北：台湾传记文学出版社，1980.

苗怀民. 二十世纪戏曲文献学述略. 北京：中华书局，2005.

苗壮. 才子佳人小说史话. 沈阳：辽宁教育出版社，1992.

敏泽. 中国美学思想史. 北京：中国社会科学出版社，2007.

宁宗一，鲁德才编. 论中国古典小说的艺术：台湾香港论著选辑. 天津：南开大学出版社，1984.

欧阳健. 晚清小说史. 杭州：浙江古籍出版社，1997.

潘重规. 红学六十年. 台北：三民书局，1974.

潘天寿. 中国绘画史. 上海：上海人民美术出版社，1983.

彭泽益. 十九世纪后半期的中国财政与经济. 北京：人民出版社，1983.

齐如山著，梁燕主编. 齐如山文集. 石家庄：河北教育出版社，2010.

齐渊编. 八大山人书画编年图目. 北京：人民美术出版社，2006.

钱静方. 小说丛考. 上海：古典文学出版社，1957.

钱穆. 中国文学讲演集. 成都：巴蜀书社，1987.

钱谦益著，钱曾笺注，钱仲联标校. 牧斋初学集. 上海：上海古籍出版社，1985.

钱锺书. 谈艺录（补订本）. 北京：中华书局，1984.

任孚先. 聊斋志异评析. 济南：山东人民出版社，1986.

商衍鎏. 清代科举考试述录. 北京：生活·读书·新知三联书店，1958.

上海师范学院图书馆编. 红楼梦研究资料目录索引（1976.10—1982.8）. 上海：上海师范学院图书馆，1982.

沈括著，胡道静校注. 梦溪笔谈校证. 上海：上海出版公司，1956.

沈天佑. 《金瓶梅》《红楼梦》纵横谈. 北京：北京大学出版社，1990.

沈曾植著，钱仲联辑. 海日楼札丛 海日楼题跋. 沈阳：辽宁教育出版社，1998.

盛瑞裕. 花妖狐魅话聊斋. 武汉：华中理工大学出版社，1994.

施旭升. 中国戏曲审美文化论. 北京：北京广播学院出版社，2002.

石昌渝. 中国小说源流论. 北京：生活·读书·新知三联书店，1994.

时萌. 中国近代文学论稿. 上海：上海古籍出版社，1986.

双翼. 聊斋志异今谈. 天津：百花文艺出版社，1982.

宋民. 中国古代书法美学. 北京：北京体育学院出版社，1989.

孙楷第. 傀儡戏考原. 上海：上杂出版社，1953.

孙楷第著，戴鸿森校次. 戏曲小说书录解题. 北京：人民文学出版社，1990.

孙逊. 明清小说论稿. 上海：上海古籍出版社，1986.

孙逊，孙菊园编. 中国古典小说美学资料汇粹. 上海：上海古籍出版社，1991.

孙一珍. 《聊斋志异》丛论. 济南：齐鲁书社，1984.

孙玉明. 日本红学史稿. 北京：北京图书馆出版社，2006.

谭帆. 中国小说评点研究. 上海：华东师范大学出版社，2001.

谭天. 非哭非笑的悲剧：八大山人艺术评传. 长沙：湖南美术出版社，1990.

唐富龄. 文言小说高峰的回归：《聊斋志异》纵横研究. 武汉：武汉大学出版社，1990.

唐湜. 民族戏曲散论. 上海：上海古籍出版社，1987.

唐跃，谭学纯. 小说语言美学. 合肥：安徽教育出版社，1995.

滕固著，沈宁编. 滕固美术史论著三种. 北京：商务印书馆，2011.

佟雪. 论红楼梦的政治历史意义. 南昌：江西人民出版社，1975.

汪玢玲. 蒲松龄与民间文学. 上海：上海文艺出版社，1985.

王伯敏. 中国绘画史. 北京：文化艺术出版社，2009.

王定天. 中国小说形式系统. 上海：学林出版社，1988.

王汎森. 晚明清初思想十论. 上海：复旦大学出版社，2004.

王夫之著,《船山全书》编辑委员会编校. 船山全书. 岳麓书社，1996.

王宏维. 命定与抗争：中国古典悲剧及悲剧精神. 北京：生活·读书·新知三联书店，1996.

王季思，张庚等著，常丹琦编. 名家论名剧. 北京：首都师范大学出版社，1994.

王昆仑. 红楼梦人物论. 北京：北京出版社，2004.

王丽梅. 曲中巨擘：洪昇传. 杭州：浙江人民出版社，2007.

王平. 聊斋创作心理研究. 济南：山东文艺出版社，1991.

王平. 中国古代小说叙事研究. 石家庄：河北人民出版社，2001.

王琪森. 中国艺术通史. 南京：江苏文艺出版社，1999.

王卫民编. 吴梅戏曲论文集. 北京：中国戏剧出版社，1983.

王先霈，周伟民编著. 明清小说理论批评史. 广东：花城出版社，1988.

王旭川，马国辉. 中国近代小说思想. 上海：华东师范大学出版社，1997.

王英志. 性灵派研究. 沈阳：辽宁大学出版社，1998.

王永健. 洪昇和长生殿. 上海：上海古籍出版社，1982.

王永健. 中国戏剧文学的瑰宝：明清传奇. 南京：江苏教育出版社，1989.

王朝闻主编. 中国美术史. 北京：北京师范大学出版社，2011.

王振复. 中国美学的文脉历程. 成都：四川人民出版社，2002.

王政尧. 清代戏剧文化史论. 北京：北京大学出版社，2005.

王枝忠. 蒲松龄论集. 上海：文化艺术出版社，1990.

王芷章. 中国京剧编年史. 北京：中国戏剧出版社，2003.

王运熙，顾易生主编，邬国平，王镇远著. 清代文学批评史. 上海：上海古籍出版社，1995.

乌力吉编著. 八大山人画传. 北京：中国广播电视出版社，2006.

吴光正. 中国古代小说的原型与母题. 北京：社会科学文献出版社，2002.

吴国钦. 中国戏曲史漫话. 上海：上海文艺出版社， 1980.

吴九成. 聊斋美学. 广州：广东高等教育出版社， 1998.

吴士余. 中国小说美学论稿. 上海：复旦大学出版社， 2006.

吴伟业著，李学颖集评标校. 吴梅村全集. 上海：上海古籍出版社， 1990.

吴毓华编著. 中国古代戏曲序跋集. 北京：中国戏剧出版社， 1990.

吴泽顺编注. 郑板桥集. 长沙：岳麓书社， 2002.

武润婷. 中国近代小说演变史. 济南：山东人民出版社， 2000.

夏写时. 中国戏剧批评的产生和发展. 北京：中国戏剧出版社， 1982.

夏志清. 中国古典小说史论. 胡益民，石晓林，坤琴译. 南昌：江西人民出版社， 2001.

萧鸿鸣. 八大山人生平及作品系年. 北京：北京燕山出版社， 1997.

萧一山. 清史大纲. 上海：上海古籍出版社， 2008.

萧元. 书法美学史（修订本）. 长沙：湖南美术出版社， 1990.

谢柏梁，高福民主编. 千古情缘：《长生殿》国际学术研讨会论文集. 上海：上海古籍出版社， 2006.

谢稚柳编著. 朱耷. 上海：上海人民美术出版社， 1979.

熊秉明. 中国书法理论体系. 天津：天津教育出版社， 2002.

徐邦达编. 历代流传书画作品编年表. 上海：上海人民美术出版社， 1963.

徐琛. 中国绘画史. 北京：文化艺术出版社， 2012.

徐扶明. 元明清戏曲探索. 杭州：浙江古籍出版社， 1986.

徐改. 中国古代绘画. 北京：商务印书馆， 1996.

徐建融著，孙丹妍导读. 传统的兴衰. 上海：上海书画出版社， 2003.

徐利明. 中国书法风格史. 郑州：河南美术出版社， 1997.

徐小梅. 聊斋志异与唐人传奇的比较研究. 台北：黎明文化事业股份有限公司， 1983.

许并生. 中国古代小说戏曲关系论. 北京：文化艺术出版社， 2002.

许建忠. 明清传奇结构研究. 郑州：中州古籍出版社，1999.

许金榜. 中国戏曲文学史. 北京：中国文学出版社，1994.

许明主编，许明，苏志宏著. 华夏审美风尚史·序卷：腾龙起凤. 郑州：河南人民出版社，2000.

薛龙春. 郑簠研究. 北京：荣宝斋出版社，2007.

薛永年，杜鹃. 清代绘画史. 北京：人民美术出版社，2000.

岩城秀夫. 中国古典剧研究. 东京：创文社，1986.

严敦易. 元明清戏曲论集. 郑州：中州书画社，1982.

杨臣彬. 明清中国画大师研究丛书. 恽寿平. 长春：吉林美术出版社，1996.

杨蕾. 戏曲脸谱色彩研究. 郑州：河南大学2010届硕士论文.

杨修品. 书法美学. 昆明：云南美术出版社，1999.

杨义. 杨义文存（第六卷）：中国古典小说史论. 北京：人民出版社，1998.

么书仪. 晚清戏曲的变革. 北京：人民文学出版社，2006.

姚淦铭，王燕编. 王国维文集. 北京：中国文史出版社，1997.

姚文放. 中国戏剧美学的文化阐释. 北京：中国人民大学出版社，1997.

叶长海. 中国戏剧学史稿. 上海：上海文艺出版社，1986.

叶德均. 戏曲小说丛考. 北京：中华书局，1979.

叶朗. 中国美学史大纲. 上海：上海人民出版社，1985.

叶朗. 中国小说美学. 北京：北京大学出版社，1982.

叶秀山. 书法美学引论. 北京：宝文堂书店，1987.

叶衍兰，叶恭绰编. 清代学者像传合集. 上海：上海古籍出版社，1989.

一粟编. 红楼梦资料汇编. 北京：中华书局，1964.

于天池. 蒲松龄与《聊斋志异》. 北京：北京师范大学出版社，1993.

于兴汉. 中国古代小说批评概论. 北京：中国社会科学出版社，2004.

俞剑华. 中国绘画史. 南京：东南大学出版社，2009.

俞晓红. 王国维《红楼梦评论》笺说. 北京：中华书局，2004.

余秋雨. 戏剧理论史稿. 上海：上海文艺出版社，1983.

余英时. 红楼梦的两个世界. 上海：上海社会科学院出版社，2006.

袁世硕. 蒲松龄事迹著述新考. 济南：齐鲁书社，1988.

曾永义.《长生殿》研究. 台北：台湾商务印书馆股份有限公司，1980.

曾祖荫，黄清泉，周伟民等选注. 中国历代小说序跋选注. 武汉：长江文艺出版社，1982.

张次溪编纂. 清代燕都梨园史料. 北京：中国戏剧出版社，1988.

张法. 中国美学史. 上海：上海人民出版社，2000.

张庚，郭汉城主编. 中国戏曲通史（上册）. 北京：中国戏剧出版社，1980.

张庚，刘瑗著，祁晨越点校. 国朝画征录. 杭州：浙江人民美术出版社，2011.

张锦池. 中国四大古典小说论稿. 北京：华艺出版社，1993.

张景樵. 蒲松龄年谱. 台北：台湾商务印书馆股份有限公司，1980.

张俊. 清代小说史. 杭州：浙江古籍出版社，1997.

张研，牛贯杰. 清史十五讲. 北京：北京大学出版社，2004.

张友鹤辑校. 聊斋志异（会校会注会评本）. 上海：上海古籍出版社，1978.

张之薇. 京剧传奇. 太原：山西教育出版社，2014.

章培恒. 洪昇年谱. 上海：上海古籍出版社，1979.

赵尔巽等. 清史稿. 北京：中华书局，1977.

赵景深. 中国戏曲丛谈. 济南：齐鲁书社，1986.

郑传寅. 中国戏曲文化概论. 武汉：武汉大学出版社，1998.

郑午昌编著. 中国画学全史. 上海：上海书画出版社，1985.

郑振铎. 郑振铎古典文学论文集. 上海：上海古籍出版社，1984.

《中国古代小说百科全书》编辑委员会，中国大百科全书出版社编辑部编. 中国古代小说百科全书. 北京：中国大百科全书出版社，1993.

仲威. 帖学10讲. 上海：上海书画出版社，2005.

周华斌. 中国戏剧史新论. 北京：北京广播学院出版社，2003.

周来祥主编. 中国美学主潮. 济南：山东大学出版社，1992.

周妙中. 清代戏曲史. 郑州：中州古籍出版社，1987.

周汝昌. 曹雪芹新传. 北京：外文出版社，1992.

周先慎. 明清小说. 北京：北京大学出版社，2003.

周贻白. 中国戏曲发展史纲要. 上海：上海古籍出版社，1979.

朱耷绘. 人民美术出版社编. 八大山人. 北京：人民美术出版社，2003.

朱光潜. 谈美书简. 上海：上海文艺出版社，1980.

朱良志. 八大山人研究. 合肥：安徽教育出版社，2008.

朱一玄编.《红楼梦》资料汇编. 天津：南开大学出版社，1985.

朱一玄编.《聊斋志异》资料汇编. 郑州：中州古籍出版社，1985.

朱一玄. 红楼梦人物谱. 天津：百花文艺出版社，1986.

宗白华. 美学散步. 上海：上海人民出版社，1981.

宗白华. 艺境. 北京：北京大学出版社，1999.

作家出版社编辑部编. 红楼梦问题讨论集. 北京：作家出版社，1955.